高等学校“十三五”规划教材

新/型/态/教/材

YIQI FENXI SHIYAN

仪器分析实验

蔺红桃　柳玉英　王　平　主编

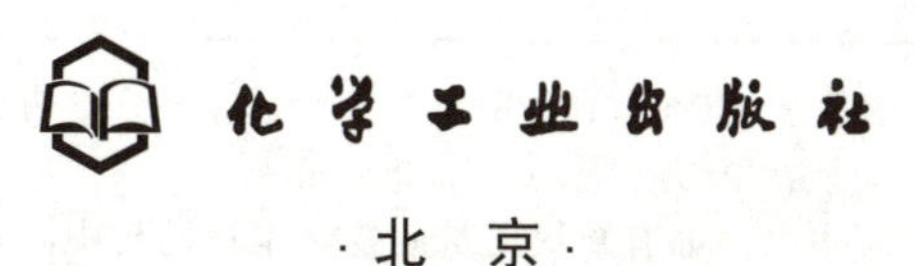

·北　京·

内容提要

《仪器分析实验》作为新形态教材，将有关仪器结构及使用方法的2D或3D动画以二维码方式呈现，可有效提升学习效果。全书共分十六章，第1章是仪器分析实验基础知识，第2章～第16章分别介绍了原子发射光谱法、原子吸收光谱法、紫外-可见吸收光谱法、红外光谱法、分子荧光光谱法、激光拉曼光谱法、电位分析法、库仑分析法、伏安分析法、气相色谱法、高效液相色谱法、质谱分析法、核磁共振波谱法、色谱-质谱联用分析法以及热分析法，每章均有基本原理、仪器结构、仪器使用方法、实验内容及拓展内容五个部分，全书共68个实验项目。

《仪器分析实验》可作为化学类、化工类、材料类、环境类、食品类、轻工类、农林类等各专业本科生的教材，也可供相关人员参考。

图书在版编目（CIP）数据

仪器分析实验/蔺红桃，柳玉英，王平主编. —北京：化学工业出版社，2020.9（2022.7重印）
高等学校“十三五”规划教材
ISBN 978-7-122-37299-4

Ⅰ.①仪…　Ⅱ.①蔺…②柳…③王…　Ⅲ.①仪器分析-实验-高等学校-教材　Ⅳ.①O657-33

中国版本图书馆CIP数据核字（2020）第113877号

责任编辑：宋林青　　文字编辑：王云霞　陈小滔
责任校对：杜杏然　　装帧设计：史利平

出版发行：化学工业出版社（北京市东城区青年湖南街13号　邮政编码100011）
印　　装：三河市延风印装有限公司
787mm×1092mm　1/16　印张12¾　彩插1　字数308千字　2022年7月北京第1版第3次印刷

购书咨询：010-64518888　　售后服务：010-64518899
网　　址：http://www.cip.com.cn
凡购买本书，如有缺损质量问题，本社销售中心负责调换。

定　　价：32.00元

《仪器分析实验》编写组

主　　编： 蔺红桃　柳玉英　王　平

副主编： 牛学良　肖海滨　周　振　刘　青

编写人员（以姓名汉语拼音为序）：

范慧清　李　扬　蔺红桃　刘　青

柳玉英　牛学良　神祥艳　王　平

王粤博　肖海滨　张　天　周升菊

周　振

仪器分析是化学学科的一个重要分支，它是以物质的物理和物理化学性质为基础建立起来的分析方法，利用特殊的仪器，对物质进行定性分析、定量分析和形态分析。仪器分析包括数十种分析方法，每种分析方法所依据的原理、所测量的物理量均不相同，所用的仪器及应用领域也不同。仪器分析是化学、化工、应用化学等专业的重要基础课程，是一门实践性和实用性很强的学科，在环境、材料、食品、生物、医药等领域有广泛应用。仪器分析实验作为仪器分析课程的实践教学环节，应密切配合理论课的教学，并通过该环节的教学，使学生加深对各种仪器分析方法基本原理的理解，能够正确和熟练地使用各种分析仪器，同时培养学生运用仪器分析手段解决实际问题的能力。

在教育信息化背景下，传统的课堂教学模式及学习方式正在发生变化，仅以纸质教材为媒介的课堂教学已不能适应当前及未来的教育需求。而仪器分析实验中仪器种类繁多、构造复杂、仪器台（套）数不足等特点均对课程的教学效果产生不利影响。为此，编者在纸质教材的基础上，充分利用了互联网以及信息技术，将传统纸质教材与数字化资源有机融合，编写了该《仪器分析实验》新形态教材。本书可用作高等院校化学化工类专业及相关专业的仪器分析实验教材，也可用作相关专业研究人员的参考资料。

全书分为十六章。第 1 章是仪器分析实验基础知识，第 2 章至第 16 章分别介绍原子发射光谱法、原子吸收光谱法、紫外-可见吸收光谱法、红外光谱法、分子荧光光谱法、激光拉曼光谱法、电位分析法、库仑分析法、伏安分析法、气相色谱法、高效液相色谱法、质谱分析法、核磁共振波谱法、色谱-质谱联用分析法以及热分析法。除第 1 章外，其他各章包括分析方法的基本原理、仪器的结构、仪器的使用方法、实验内容以及拓展内容等部分。某些纸质教材难以承载的内容，如有关仪器结构及使用方法的 2D 或 3D 动画、虚拟仿真、国家标准等，则用电子资源呈现。

该教材特点如下：一是以纸质教材为核心，以互联网为载体，以信息技术为手段，融合了相关的电子资源，呈现方式更加丰富；二是学生可以不受时空限制，随时随地学习，有利于个性化教学和应用型人才培养；三是有关分析方法的基本原理和仪器的使用方法叙述详细，便于学生和相关分析工作者自学；四是实验内容系统化、有层次，教学过程中可以根据客观条件和学生的实际情况进行选做，也可以针对不同的专业进行各种组合，实现因材施教；五是融入了与教师科研工作有关的实验内容，以便学生能够及时了解最新的科研动态和成果，开拓视野。

参加本书编写的主要是山东理工大学多年从事仪器分析理论与实践教学的人员。蔺红桃、柳玉英、王平负责教材内容和结构的编排以及部分内容的编写，牛学良、肖海滨、刘青、周振、王粤博、范慧清、周升菊、李扬、神祥艳、张天等老师分别负责不同章节的编写。全书由蔺红桃统稿，由柳玉英和王平复阅与校正。此外，编写过程中参考了国内优秀的仪器分析实验教材，并得到了北京东方仿真软件技术有限公司的大力支持与帮助，在此一并表示衷心的感谢。

由于编者学识水平有限，书中疏漏之处难免，敬请专家和读者批评指正。

编者

2020 年 5 月

目录

第1章 仪器分析实验基础知识

1.1 仪器分析实验基本要求

仪器分析实验的目的是加深学生对仪器分析方法基本原理和基本知识的理解，熟悉仪器的基本结构和工作原理，掌握仪器的正确使用方法，了解各类仪器分析方法的应用，提高基本实验操作技能以及观察实验现象、独立思考和解决问题的基本能力，规范实验数据记录、处理和结果的表达，从而培养学生良好的实验习惯、实事求是的科研态度和严谨细致的工作作风。为了达到以上教学目的，对仪器分析实验课程提出以下基本要求。

（1）课前预习

预习是做好实验的前提。在做实验之前，学生应根据所用的具体仪器，通过教材、虚拟仿真动画等资料，预习仪器的结构原理及使用方法。明确实验目的、实验原理、操作步骤、注意事项并思考实验中可能遇到的问题，从而写出完整的预习报告。实验前由指导教师检查预习报告，若发现预习不够充分，应停止实验，待熟悉实验内容后再进行实验。

（2）认真听讲

因为仪器分析实验中使用的一般都是大型贵重精密仪器，所以在使用之前要认真听取实验指导教师对仪器使用的讲解，要在教师指导下熟悉和使用仪器，保证基本操作规范化。

（3）实验过程

严格遵守仪器操作规程，细心动手，勤于动脑。实验过程中要认真观察实验现象，仔细记录实验条件和分析测试的原始数据。如果实验现象与理论不符，应认真分析和检查原因，尊重实验事实。同时，要爱护仪器设备，遵守实验室有关规章制度，注意实验室安全，保持实验台面干净、整洁。实验结束后，将所用仪器及时擦拭和洗涤干净，按照规范步骤关闭仪器，保证实验室的整洁卫生，关好水、电、门窗，填写仪器使用记录。

（4）实验报告

实验结束后应及时书写实验报告，实验报告要做到简明扼要、图表规范，数据处理得当。实验报告还应包括对实验过程中出现的问题进行讨论并提出自己的见解，分析实验误差，探讨实验方案的改进意见等。

1.2 仪器分析实验室安全守则

1.2.1 实验室安全常识

① 不得在实验室内吸烟、进食或喝饮料，一切化学药品严禁入口。

② 使用电器设备（如烘箱、恒温水浴锅、离心机、电炉等）时，严防触电，绝不可用湿手或在目光旁视时开关电闸和电器开关。使用前应先用试电笔检查电器设备是否漏电，凡是漏电的仪器，一律不能使用。

③ 各种仪器设备由专人负责，实行档案管理制度。建立档案，做到技术档案资料齐全，使用记录完整。

④ 操作人员必须经过专门培训方能实际操作，使用中严格遵守各项规章制度和工作流程，按照标准操作规程操作仪器和进行检测工作。

⑤ 各仪器要根据其保养、维护要求，进行及时或定期的维护、校验等，确保仪器正常运转。若发现有损坏应及时请有关部门维修。

⑥ 仪器设备实行事故报告制度，发生事故，仪器负责人应立即上报，并写出事故报告。各仪器的故障、维修及解决过程需记录备案，严禁擅自处理、拆卸、调整仪器主要部件。

⑦ 保持仪器清洁，避免接触强酸、强碱等腐蚀性物品，严禁水源、火源等不安全源靠近仪器设备。

⑧ 实验过程中应佩戴必要的安全防护用品，保护好自身和仪器设备安全。

⑨ 如果在实验过程中起火，应立即切断电源和燃气源，并选择合适的灭火器材扑灭。导线着火时不能用水及二氧化碳灭火器灭火，应切断电源或用四氯化碳灭火器灭火。若着火面积较大，在尽力扑救的同时应及时报警。

⑩ 使用可燃物，特别是易燃物（如乙醚、丙酮、乙醇、苯、金属钠等）时，一定要远离火源和热源。使用完毕后，将试剂瓶塞好，放在阴凉（通风）处保存。当大量使用可燃性气体时，应严禁使用明火和可能产生电火花的电器。在可燃液体着火时，应立即拿开着火区域内的一切可燃物质，防止扩大燃烧。若着火面积较小，可用抹布、湿布、铁片或沙土覆盖，隔绝空气使其熄灭。但覆盖时要轻，避免碰坏或打翻盛有易燃溶剂的玻璃器皿，导致更多的溶剂流出而再着火。

⑪ 使用浓酸、浓碱时必须极为小心地操作，防止溅出。应将浓酸、浓碱注入水中，不得反向操作。若不慎溅在实验台上或地面上，必须及时用湿抹布擦洗干净。如果触及皮肤，应及时处理。

⑫ 取 $NH_3 \cdot H_2O$、HCl、Br_2、HF、H_2S、HNO_3 等易挥发试剂时，应在通风橱内操作。开启瓶盖时，绝不可将瓶口对着自己或他人。

⑬ 废液，特别是强酸和强碱不能直接倒入水槽中，应分类倒入废液桶中，统一收集处理。

⑭ 使用剧毒物品（如汞盐、砷化物、氰化物等）时应特别小心。氰化物不能接触酸，否则产生剧毒 HCN。氰化物废液应倒入碱性亚铁盐中，使其转化为亚铁氰化铁盐，然后倒入回收器皿中。

1.2.2 实验室急救

若实验过程中不慎发生受伤事故，应立即采取适当的急救措施。

① 被玻璃割伤及其他机械损伤时，首先必须检查伤口内有无玻璃或金属等碎片，然后用硼酸溶液洗净，再擦碘酒或紫药水，必要时用纱布包扎。若伤口较大或过深而大量出血，应迅速在伤口上部和下部扎紧血管止血，立即到医院诊治。

② 烫伤时，一般用浓乙醇（90%～95%）消毒后，涂上苦味酸软膏。如果伤处红痛或红肿（一级灼伤），可用橄榄油或用棉花蘸乙醇敷盖伤处；若皮肤起泡（二级灼伤），不要弄破水泡，防止感染；若伤处皮肤呈棕色或黑色（三级灼伤），应用干燥而无菌的消毒纱布轻轻包扎好，急送医院治疗。

③ 强碱（如氢氧化钠、氢氧化钾）、钠、钾等触及皮肤而引起灼伤时，要先用大量自来水冲洗，再用5%或2%乙酸溶液洗涤。

④ 强酸（如盐酸、硫酸）、溴等触及皮肤而导致灼伤时，应立即用大量自来水冲洗，再用5%碳酸氢钠溶液或5%氨水溶液洗涤。

⑤ 如酚触及皮肤引起灼伤，应先用大量自来水清洗，再用肥皂和水洗涤，忌用乙醇。

⑥ 若发生煤气中毒，应立即到室外呼吸新鲜空气，严重时应立即到医院诊治。

⑦ 汞容易由呼吸道进入人体，也可以经皮肤直接吸收而引起积累性中毒。严重中毒的症状是口中有金属气味，呼出气体也有气味；流唾液，牙床及嘴唇上有硫化汞的黑色，淋巴结及唾液腺肿大。若不慎中毒，应送医院急救。急性中毒时，通常用碳粉或呕吐剂彻底洗胃，或者食入蛋白质（如1L牛奶加3个鸡蛋清）或蓖麻油解毒并使之呕吐。

⑧ 触电时可按下述方法之一切断电路：a. 关闭电源；b. 用干木棍将导线与触电者分开；c. 使触电者和土地分离。急救时急救者必须做好防止触电的安全措施，手和脚必须绝缘。

1.3 仪器分析实验室一般知识

1.3.1 实验室用水

仪器分析实验中需要使用不同规格的纯水。根据国家标准《分析实验室用水规格和试验方法》（GB/T 6682—2008）的规定，分析实验室使用的纯水规格有一级水、二级水和三级水，见表1-1。其中一级水用于有严格要求的分析实验，包括对颗粒有要求的实验，如高效液相色谱分析用水；二级水用于无机痕量分析等实验，如原子吸收光谱分析用水；三级水用于一般化学分析实验。

目前，实验室的纯水主要是去离子水和纯水仪制备的纯水。去离子水的制备是将自来水作为原水，依次通过阳离子树脂交换柱、阴离子树脂交换柱、阴阳离子树脂交换柱，这样得到的水纯度比蒸馏水的高，质量可达到二级或一级水指标，但对有机物和非离子型杂质去除效果较差，因此可将去离子水重蒸馏以得到高纯水。纯水仪制备的纯水有一级、二级和三级等，可以根据实验内容和要求进行选取。

表 1-1 实验室用水的水质规格

名称	一级	二级	三级
pH 范围(25℃)	—	—	5.0～7.5
电导率(25℃)/(mS/m)	≤0.01	≤0.10	≤0.50
可氧化物质含量(以 O 计)/(mg/L)	—	≤0.08	≤0.4
吸光度(254nm,1cm 光程)	≤0.001	≤0.01	—
蒸发残渣(105℃±2℃)含量/(mg/L)	—	≤1.0	≤2.0
可溶性硅(以 SiO_2 计)含量/(mg/L)	≤0.01	≤0.02	—

注：1. 由于在一级水、二级水的纯度下，难于测定其真实的 pH 值，因此，对一级水、二级水的 pH 值范围不做规定。
2. 由于在一级水的纯度下，难于测定可氧化物质和蒸发残渣，对其限量不做规定。可用其他条件和制备方法来保证一级水的质量。

1.3.2 化学试剂

试剂的纯度对分析结果准确度的影响很大，不同的分析工作对试剂纯度的要求也不相同，因此必须了解试剂的分类标准，以便正确选用试剂。

优级纯（guaranteed reagent，GR，绿色标签）属于一级品，主成分含量很高、纯度很高，适用于精确分析和研究工作，有的可作为基准物质。

分析纯（analytical reagent，AR，红色标签）属于二级品，主成分含量很高、纯度较高，干扰杂质很低，适用于工业分析及化学实验。

化学纯（chemically pure，CP，蓝色标签）属于三级品，主成分含量高、纯度较高，存在干扰杂质，适用于要求较低的化学实验和合成制备。

实验试剂（laboratory reagent，LR，棕色或其他颜色标签）属于四级品，主成分含量高、纯度较差，杂质含量不做选择，只适用于一般化学实验和合成制备。

此外，还有某些具有专门用途的试剂，如光谱纯、色谱纯等。此类试剂的质量注重的是在特定方法分析过程中可能影响分析结果、对成分分析或含量分析产生干扰的杂质的含量，但对主成分含量不做很高要求。其中，光谱纯（spectrum pure，SP）试剂是以光谱分析时出现的干扰谱线强度大小来衡量的，杂质含量低于光谱分析法的检出限，所以主要用作光谱分析中的标准物质。色谱纯试剂包括气相色谱（GC）分析专用和液相色谱（LC）分析专用标准物质。这类试剂是在进行色谱分析时使用的标准试剂，在色谱条件下只出现指定化合物的峰，不出现杂质峰。

1.3.3 实验室用气

仪器分析实验室常用的高压气体，如氮气、氩气、氧气、乙炔、氢气等，无论是否易燃易爆，均要注意使用安全，掌握相关常识和操作规程。

（1）气体钢瓶的识别

气体钢瓶的识别见表 1-2（颜色相同的要看气体名称）。

表 1-2　气体钢瓶及对应颜色

气瓶名称	氧气瓶	氢气瓶	氮气瓶	纯氩气瓶	氦气瓶	压缩空气瓶	氨气瓶	二氧化碳气瓶
气瓶颜色	淡(酞)蓝色	淡绿色	黑色	银灰色	银灰色	黑色	淡黄色	铝白色

（2）高压钢瓶使用注意事项

① 钢瓶应专瓶专用，不能随意改装。

② 高压钢瓶要直立固定，远离热源，避免曝晒和强烈震动，存放在阴凉、干燥处。

③ 搬运钢瓶时，钢瓶上的安全帽一定要旋上，以便保护气门勿使其偶然转动。搬运时要轻、要稳，放置要牢靠。

④ 减压阀和钢瓶配套专用，安装时要将减压阀固定并检漏，开关时注意规范操作，缓慢转动阀门，防止螺纹受损。

⑤ 氢气等可燃气体的减压阀是专用的，减压阀与钢瓶的接口设计成反丝扣，防止与其他减压阀串用，降低发生危险的概率。

⑥ 保持钢瓶的干净整洁，不可将油污或有机溶剂等易燃物沾污钢瓶外壁或阀门处，不可用棉麻物品对阀门进行堵漏，防止燃烧事故。

⑦ 开启阀门时应站在气压表的一侧，不准将头或身体对准气瓶总阀，以防阀门或气压表冲出伤人。

⑧ 钢瓶内气体不可全部用完，以防空气或其他气体倒灌，使原有的气体不纯，以免下次再充装气体时发生事故。

第 2 章 原子发射光谱法

2.1 原子发射光谱法的基本原理

原子发射光谱法（atomic emission spectroscopy，AES）是利用物质受到热能或者电能作用，产生气态的原子或离子并且由基态跃迁到激发态，再返回到基态时，发射出特征谱线来进行定性与定量分析的方法。该方法具有分析速度快、选择性好、检出限低、标准曲线的线性范围宽、试样消耗少等优点。

不同的物质由不同元素的原子所组成，原子被激发后，其外层电子有不同的跃迁，但都遵循“光谱选律”，因此特定元素的原子产生一系列不同波长的特征谱线。根据量子理论，谱线的波长 λ 和两个能级之间的能量差 ΔE 的关系为：

$$\Delta E = E_2 - E_1 = h\nu = h\frac{c}{\lambda} \tag{2-1}$$

$$\lambda = h\frac{c}{\Delta E} \tag{2-2}$$

式中，ΔE 为两个能级之间的能量差；h 为普朗克常数，$6.626\times10^{-34}\,\mathrm{J\cdot s}$；$c$ 为光在真空中的传播速度，$2.997925\times10^{8}\,\mathrm{m/s}$；$\lambda$ 为谱线的波长。各种原子的原子结构不同，其发射的谱线也不同，根据各元素的特征谱线，可对该元素进行定性分析。

另外，待测元素原子的浓度不同，发射强度也不同，可实现元素的定量分析。原子发射光谱定量分析是根据谱线强度与待测元素浓度的关系来进行的，有如下关系式：

$$I = ac^b \tag{2-3}$$

此式为光谱定量分析的基本关系式，称为赛伯-罗马金公式。式中，b 为自吸系数，与谱线的自吸有关，b 随着浓度 c 的增大而减小；当浓度很小无自吸时，$b=1$。由此可见，通过测量谱线强度可以对试样进行定量分析。

2.2 原子发射光谱仪的结构

原子发射光谱仪主要由光源、分光系统、检测系统组成。

2.2.1　光源

光源的作用是提供足够的能量使试样蒸发、解离、原子化、激发、产生光谱，光源的特性在很大程度上影响着光谱分析的准确度、精密度和检出限。原子发射光谱分析中光源的种类很多，目前常用的有直流电弧、交流电弧、电火花及电感耦合等离子体等。其中，电感耦合等离子体光源是应用较广的一种光源，以下将做重点介绍。

等离子体是指电离了的但在宏观上呈电中性的物质。对于部分电离的气体，一般指电离度大于 0.1%，总体上呈中性的气体。它由自由电子、离子、中性原子和分子组成。这种等离子体的力学性质与普通气体相同，但由于带电荷粒子的存在，电磁学性质完全不同。原子发射光谱分析中所用的等离子体光源有多种类型，其中，高频电感耦合等离子体（high frequency inductively coupled plasma，ICP）最为常用，是商品化仪器的主要光源。

ICP 光源装置主要由高频发生器和感应线圈、矩管、供气系统、试样引入系统组成。图 2-1 为 ICP 装置构成示意图。

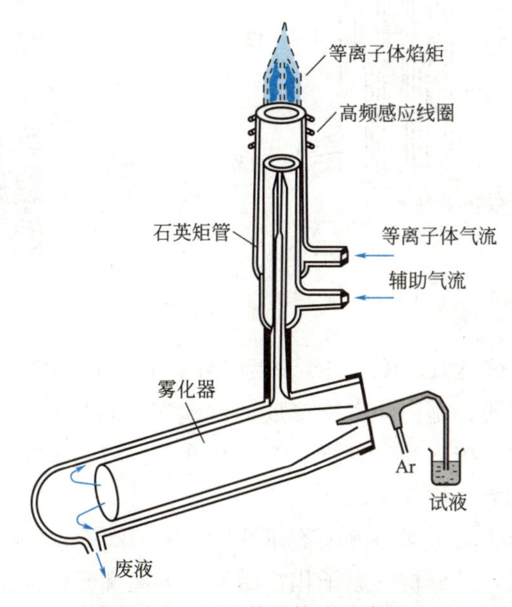

图 2-1　ICP 装置构成示意图

高频发生器的作用是通过感应线圈产生高频磁场，提供等离子体能量。感应线圈一般是 2～3 匝铜管，内通冷却水。矩管由三层同心石英管构成，工作时都通氩气，其中最外层的氩气又称冷却气，流量为 10～19L/min，一般沿切线方向引入并旋转上升，它是维持 ICP 的工作气流，同时也起到将等离子体与矩管隔离，防止石英管烧融的作用；中间层通气一般为 1L/min，称为辅助气，辅助等离子的形成，也起到抬高等离子体焰矩、减少试样盐粒或炭粒沉积、保护矩管的作用；内管直径为 1～2mm，通入的气体称为载气，主要是携带试样气溶胶进入等离子体内，试样通常是液体，由雾化器形成气溶胶，也可以是固体粉末或气体。

ICP 焰矩形成过程：首先开启高频发生器，矩管通入氩气，常温下由于气体不导电，没有感应电流，也不会产生等离子体。但在矩管的轴向由于感应线圈中的电磁感应存在高频磁场，用点火装置产生火花，触发少量气体电离，带电荷粒子在高频磁场中快速运动，与周围氩气碰撞，后者随即电离，成“雪崩”式放电，形成等离子体焰矩。此时，电离了的气体在垂直于磁场方向的截面上形成闭合环形路径的涡流，相当于变压器的次级线圈，是由作为初级线圈的感应线圈耦合而成。图 2-2 为 ICP 形成原理图。

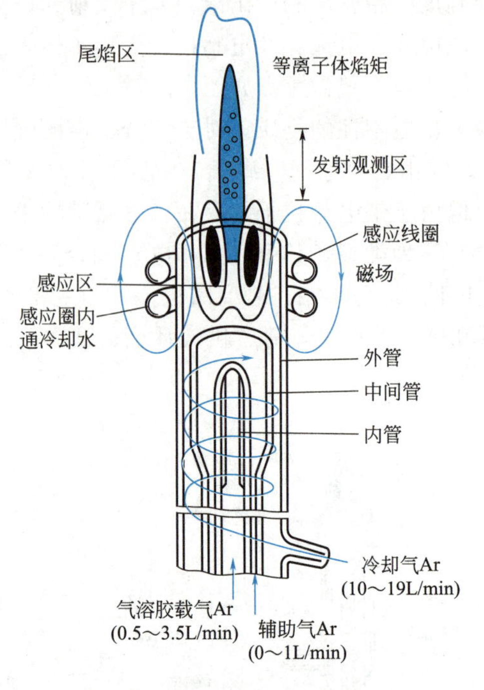

图 2-2 ICP 形成原理图

等离子体的形成

ICP 焰矩的外观和火焰类似，ICP 焰矩分为三个区域：焰心区、内焰区和尾焰区。

焰心区呈白色，不透明，是高频电流形成的涡流区。该区最高温度可达 10000K，电子密度高，发射很强的连续光谱，光谱分析一般避开这个区域。试样在此区域被预热、挥发溶剂和蒸发溶质，因此该区域又称预热区。

内焰区位于焰心区上方，一般在感应线圈以上 10～20mm，略带淡蓝色，呈半透明状态，温度为 6000～8000K，是分析物原子化、激发、电离和辐射的主要区域。光谱分析就在该区域内进行，因此，该区域又称为测光区。

尾焰区位于内焰区上方，无色透明，温度低于 6000K，仅作为激发电位较低的元素谱线观测区。

电感耦合等离子体原子发射光谱法（inductively coupled plasma atomic emission spectrometry，ICP-AES）具有灵敏度高、检出限低（10^{-9}～10^{-11} g/min）、精密度好（相对标准偏差一般为 0.5%～2%）、工作曲线线性范围宽等优点，可用于常量至痕量元素的分析，试样中基体和共存元素干扰小，是最接近理想状态的原子发射光谱分析光源。

2.2.2 分光系统

分光系统的工作过程是：由光源发出的光，经照明系统后均匀地照在狭缝上，然后经准光系统的准直物镜变成平行光，照射到色散元件上，色散后各种波长的平行光由聚焦物镜聚焦投影在其焦面上，获得按波长次序排列的光谱，并进行记录或检测。分光系统根据使用色散元件的不同，分为棱镜光谱仪和光栅光谱仪；根据检测方法的不同，又可以分为照相式摄谱仪和光电直读光谱仪。

2.2.3 检测系统

光谱投影仪是发射光谱定性和半定量分析的主要工具。它把光谱感光板上的谱线放大，以便查找元素的特征谱线。根据发展历程有三个阶段，即看谱法、摄谱法和光电法。看谱法用人眼接收，因此只限于可见光的观察；摄谱法用感光板感光后，经过处理得到含有光源谱线系列的谱片，再用专门的观察设备，如投影仪、测微光度计等，检查谱线进行定性或定量分析；光电法则用光电转化器将光信号直接转化为电信号得以储存。

2.3 等离子体原子发射光谱仪的使用方法

下面以全谱直读原子发射光谱仪为例介绍其使用方法：

(1) 仪器冷启动

① 打开氩气源，二次压力调到0.6MPa；

② 打开主机电源和计算机电源，将Camera设定为不制冷状态，光室恒温状态；

③ 进入Salsa程序；

④ 保证Camera驱气和光室恒温后进入仪器热启动状态。

(2) 仪器热启动

① 打开Camera冷却系统，将Camera设定为制冷状态；

② 进入Salsa程序；

③ 打开排风和循环水泵；

④ 在Instrument Control中Spectrometer框下选择View观测方式、位置和驱气流量；

⑤ 在Torch Gas中选择冷却气、辅助气和载气的压力；

⑥ 在Pump中选择蠕动泵速；

⑦ 在Plasma Control中选择功率；

⑧ 夹好蠕动泵管，进样针放入水中；

⑨ 检查Interlocks信息；

⑩ 点击Auto Start启动等离子体。

(3) 关机

① 清洗进样系统；

② 熄灭等离子体；

③ 在Torch Gas中点击Coolant On，冷却炬管1min后，关闭冷却气；

④ 松开蠕动泵管；

⑤ 将Camera设定为不制冷状态；

⑥ 重新进入Salsa程序，让Camera恢复到室温状态；

⑦ 关闭循环水泵和排风设备；

⑧ 退出Salsa程序；

⑨ 关闭主机和计算机电源，关闭氩气源。

2.4 实验内容

实验1 原子发射光谱法定性和半定量分析铜合金中的元素

【实验目的】

1. 学习原子发射光谱法的基本原理和定性分析方法。
2. 掌握原子发射光谱法的电极制作、摄谱、冲洗感光板等基本操作。
3. 掌握利用铁光谱比较法定性和半定量分析未知试样中所含元素。
4. 学会正确使用摄谱仪和投影仪。

【实验原理】

各种元素的原子被激发后，因原子结构不同，可发射许多波长不同的特征谱线。因此，可以根据特征谱线是否出现来确定某种元素是否存在。但在光谱定性分析中，不必检查所有谱线，而只需要根据待测元素两三条灵敏线或最后线，即可判断该元素是否存在。灵敏线一般是元素的共振线。共振线由于激发电位低和发射强度大因而能灵敏指示元素的存在。元素的最后线是指当试样中元素含量降低至最低可检出量时，仍能观察到的少数几条谱线。元素的最后线往往也是该元素的最灵敏线。光谱定性分析就是选择元素的灵敏线或最后线作为分析谱线判断元素是否存在。

原子发射光谱的定性和半定量分析方法有以下几种：

① 用光电直读光谱法可直接确定元素的含量及存在。

② 将试样与已知的欲鉴定元素的化合物在相同条件下并列摄谱，然后将所得光谱图进行比较，确定某些元素是否存在。

③ 将试样与纯铁同时摄谱，在映谱仪上将谱片上的光谱放大20倍，使感光板上的铁光谱和元素标准光谱图（图2-3）上的铁光谱重合，通常是在光谱图上选择2～3条欲测元素的灵敏线进行比较，若感光板上的光谱线和标准光谱图上该元素的灵敏线相重合，则表示该元素可能存在。还可以根据该元素所出现的谱线，找出其谱线强度级最小的级次，按表2-1估计该元素的大概含量。

表2-1 定性分析结果表示方法

谱线强度级	1	2～3	4～5	6～7	8～9	10
含量估计范围/%	100～10	10～1	1～0.1	0.1～0.01	0.01～0.001	<0.001
含量等级	主	大	中	小	微	痕

【仪器与试剂】

仪器：WP1型一米平面光栅摄谱仪；8W型光谱投影仪；天津紫外Ⅱ型感光板；光谱纯石墨电极（ϕ6mm）；铁电极；铜电极；WPF-2型交流电弧发生器。

显影液：按感光板所附配方配制；

停影液：每升含冰乙酸溶液15mL；

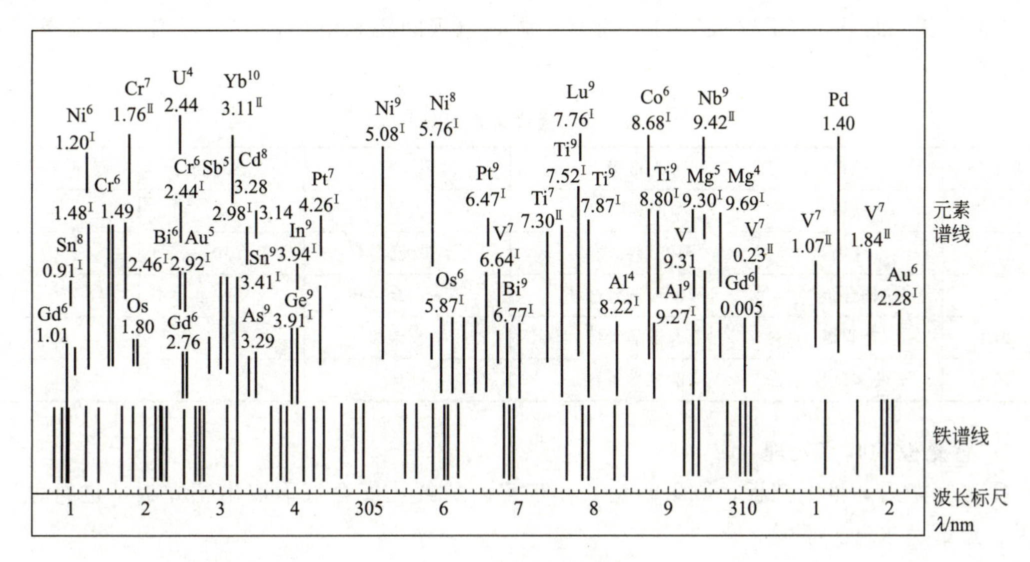

图 2-3　元素标准光谱图

定影液：F5 酸性坚膜定影液；

铜合金试样。

【实验步骤】

1. 准备电极与试样

① 一对铁电极　将棒状铁电极在砂轮上打磨成顶端直径为 2mm 的平面锥体，要求表面光滑，无氧化层。

② 一对铜电极　处理方法同铁电极。

③ 两对光谱纯石墨电极　将直径为 6mm 的光谱纯石墨棒切成约 40mm 长的小段，四支上电极用卷笔刀制成圆锥形，四支下电极在专用车具上制成孔穴内径 3.5mm、深 4mm、壁厚 1mm 的凹形状。加工后的电极应直立在电极盒内。

④ 试样　把粉末状的铜合金试样分别放入下电极孔穴中，试样应压紧并露出碳孔边缘。

2. 装感光板

在暗室红灯下（不要直接光照感光板）取出感光板，找出其乳剂面（粗糙面）。如需裁制，将乳剂面朝下，放在洁净的纸上，用金刚刀刻划玻璃面，然后上下对板。将裁好的感光板乳剂面朝下放入暗盒内，盖上后盖并拧紧后盖固定，然后装到摄谱仪上。

3. 设置摄谱仪工作条件

摄谱条件如表 2-2 所示。

表 2-2　摄谱条件（一）

条件	光栅转角	焦距	狭缝宽度	狭缝倾角	电弧电流
参数	5.24°(中心波长 300nm)	1510mm	5μm	5.93°	8A
条件	光栏高度	遮光板	电极间隙	辅助间隙	
参数	1mm(或用哈特曼光阑 A～F)	3.2mm	4mm	1.1mm	

4. 安装电极及摄谱

按表 2-3 顺序装好电极进行摄谱，装电极时先装“上电极”，再装“下电极”，装电极时

“上电极”自上而下，“下电极”自下而上，调好电极间距和电极位置后摄谱。摄谱条件如表 2-3所示。

表 2-3 摄谱条件（二）

板移	试样	上电极	下电极	预燃时间/s	曝光时间/s
11	铁棒	铁棒	铁棒	4	6
12	纯铜	圆锥形纯铜棒	平头纯铜棒	10	50
13	铜合金	圆锥形铜合金棒	平头铜合金棒	10	50
14	空碳棒	圆锥形碳棒	平头碳棒	4	60
15	粉末试样	圆锥形碳棒	试样	4	60

5. 感光板的暗室处理

摄谱完毕后，推上挡板，取下暗盒，在暗室内的红色安全灯下取出感光板，进行显影、停影、定影、水洗、干燥。

① 显影。显影液按天津紫外Ⅱ型感光板所附配方配制，18～20℃时，显影 4～6min。显影操作时先将适量显影液倒入瓷盘，感光板先在水中稍加润湿。然后，乳剂面向上浸没在显影液中，并轻轻晃动瓷盘，以避免局部浓度的不均匀。

② 停影。为了保护停影液，显影后的感光板可先在稀乙酸溶液中漂洗，或用清水漂洗，使显影停止。然后，浸入停影液中。停影操作也应在暗红灯下进行。在 18～20℃时，漂洗 1min 左右。

③ 定影。在（20±4)℃，将适量的 F5 酸性坚膜定影液倒入另一瓷盘，乳剂面向上浸入其中。定影开始应在暗红灯下进行，15s 后可开白炽灯观察。新鲜配制的定影液约 5min 就能观察到乳剂通透（感光板变得透明）。

④ 水洗。定影后的感光板需在室温的流水中淋洗 15min 以上。淋洗时，乳剂面向上，充分洗除残留的定影液，否则谱片保存过程中会发黄而损坏。

⑤ 干燥。谱片应放在干燥架上自然晾干。如果需要快速干燥，可在乙醇中浸泡一下，再用冷风机吹干。注意，乳剂面不宜用热风吹，30℃以上的温度会使乳剂软化起皱而损坏。

显影、定影完毕后，随即把显影液和定影液倒回储存瓶内。

6. 看谱

① 将待观察的感光板乳剂面朝上（短波在右边，长波在左边）置于光谱投影仪上，调整投影仪手轮使谱线清晰，然后与元素标准谱图比较。

② 认识铁光谱。将感光板从短波向长波移动，即自 240nm 左右，每隔 10nm 记录铁光谱的特征谱线。在 360nm 左右出现氰带（CN)。360nm、390nm 和 420nm 是三个氰带的带头。

③ 大量元素的检查。凡试样谱带上的粗黑谱线，均用元素标准光谱图查对，以确定试样中哪些元素大量存在。

④ 杂质元素的检查。在波长表上查出待测元素的分析线，根据其分析线所在波段将谱图与感光板进行比较。如果某元素的分析线出现，则可确定该元素存在。但应注意试样中大量元素和其他杂质元素谱线的干扰。一般应找 2～3 条元素的灵敏线进行检查，才能确定此元素存在。

⑤ 按以上方法给出铜合金试样光谱定性分析结果，分析大量元素、少量元素和微量元

素各是什么。

【数据记录与处理】

根据看谱结果，将铜合金试样中主要元素及其大致含量的分析结果填入表 2-4。

表 2-4 铜合金试样分析结果

指定元素	所查波长/nm	谱线强度等级	含量/%

【注意事项】

1. 在暗室操作时，注意感光板不要装反，乳剂面应朝向入射光方向。如果感光板装反，玻璃吸收紫外光，将得不到完整的紫外发射光谱。

2. 摄谱时应按时开启摄谱仪快门。

3. 冲洗感光板时，一定要先显影后定影，如果倒置此程序，将丢失全部摄取的光谱。

4. 接通激发光源时，不要触摸电极架，以免触电。

5. 紫外光的电弧辐射很强，切勿直接观察，以免伤害眼睛。

【思考题】

1. 试样光谱旁为什么要摄一条铁光谱？

2. 定性分析时，如何判断试样中某元素是否存在？可能会出现哪些异常情况？如何解释？

3. 摄谱过程中，使用哈特曼光阑的优点是什么？

实验 2 原子发射光谱法测定岩石中铍的含量

【实验目的】

1. 了解原子发射光谱定量分析的基本原理。

2. 掌握内标法定量分析的基本原理和操作方法。

【实验原理】

原子发射光谱定量分析的依据是赛伯-罗马金公式 $I=ac^b$。为了提高定量分析的准确度，在实际工作中通常不采用谱线的绝对强度来进行光谱定量分析，而采用内标法。内标法是通过测量谱线的相对强度来进行光谱定量分析的方法。测定时，在待测元素的谱线中选择一条谱线作为分析线，再从基体元素或定量加入的内标元素的谱线中选择一条谱线作为内标线，这两条谱线组成分析线对。以分析线和内标线的强度比（即相对强度）对待测元素的含量绘制工作曲线进行光谱定量。设分析线和内标线强度分别为 I、I_0，浓度分别为 c、c_0，自吸系数分别为 b、b_0，则 $I=ac^b$，$I=a_0c_0^{b_0}$，二者之比可得公式如下：

$$R=\frac{I}{I_0}=\frac{ac^b}{a_0c_0^{b_0}}=Ac^b \tag{2-4}$$

取对数得

$$\lg R=\lg A+b\lg c \tag{2-5}$$

该式为内标法光谱定量分析的基本公式。

如果是通过测微光度计测量谱线黑度进行定量分析，则根据公式：

$$\Delta S=S_a-S_s=\gamma b\lg c+\gamma\lg A \tag{2-6}$$

式中，S_a 和 S_s 分别为分析线和内标线的黑度；γ 为感光板的反衬度。通过配制三个以上的标样，以 ΔS 为纵坐标、$\lg c$ 为横坐标作工作曲线，再测出试样中待测元素分析线对的黑度，从工作曲线上求出试样中待测元素的含量。

【仪器与试剂】

仪器：WP1 型一米平面光栅摄谱仪；8W 型光谱投影仪；天津紫外Ⅱ型感光板；光谱纯石墨电极（ϕ6mm）；铁电极；光源（屑状、粒状、粉末状试样用交流电弧光源，棒状、块状金属试样用火花光源）。

显影液：按感光板所附配方配制；

停影液：每升含冰乙酸溶液 15mL；

定影液：F5 酸性坚膜定影液。

【实验步骤】

1. 标准溶液的配制

根据试样组成配制基体为 SiO_2 64%、NaCl 3.5%、MgO 4.5%、$CaCO_3$ 7%、Al_2O_3 20%、Fe_2O_3 1%的标准溶液；用基体配制成含 Be 1%的标样，然后用基体逐级稀释，标准系列含 Be 分别为 0.01%、0.03%、0.1%、0.3%；缓冲剂为 CuO∶碳粉＝38∶20（质量比）；试样与缓冲剂按 1∶29（质量比）混合备用。

2. 光谱拍摄

① 铁谱拍摄。将铁棒与圆锥形石墨电极分别置于上、下电极架上，狭缝宽度为 7μm，中间光栏为 2mm，中心波长为 300nm。通过对光灯调整电极间距离，使其在中间光栏上的距离为 4～6mm（电极间的实际距离不得超过 8mm）。将狭缝前的哈特曼光阑置于“1”处，打开谱板盒挡板和狭缝盖，控制电流为 8A 左右，预燃 7s，曝光约 5s，铁谱拍摄完毕。

② 试样光谱拍摄。将净化好的圆锥形石墨电极作为上电极、下电极，装上已处理好的试样，分别置于上、下电极架上，狭缝宽度为 12μm，中间光栏为 1mm，中心波长为 300nm。控制电流为 10A，预燃 10s，曝光 30s，每个标准样装两个电极，试样也装两个电极，在相同条件下摄谱，每摄谱一次移动感光板 1mm（或转动一次哈特曼光阑）。

3. 感光板的暗室处理

具体处理方法见实验 1。

4. 看谱

将已摄谱的干板放在投影仪上，选择一组谱线 Be 234.86nm、Cu 232.99nm，做好记号，并在相应波长处测量其相应的黑度。

5. 黑度测量

将干板置于测微光度计上，调整狭缝宽度为 16μm，高度为 12mm，在此条件下调节谱线至清晰，分别测量已选定谱线的黑度，并按表 2-5 记录所测量的黑度。

表 2-5 谱线黑度测量记录

浓度/%	Cu(232.99nm)	Be(234.86nm)
0.01		
0.03		
0.1		
0.3		
试样		

【数据记录与处理】

1. 求出标样及试样分析线对的黑度差。
2. 以浓度的对数为横坐标、分析线对的黑度差为纵坐标作工作曲线。
3. 应用工作曲线查出 Be 的含量。

【注意事项】

1. 开始摄谱前先打开通风设备。
2. 实验中使用的光学仪器不能用手擦拭光学表面。

【思考题】

1. 内标元素的作用是什么？
2. 说明摄谱法定量分析的原理。

实验 3 ICP-AES 法测定硝酸铵试剂中铝、铜、铬的含量

【实验目的】

1. 掌握原子发射光谱法的基本原理。
2. 了解 ICP-AES 光谱仪的基本结构和工作原理。
3. 掌握 ICP-AES 标准曲线法定量分析的操作及测试方法。

【实验原理】

利用原子发射光谱定性分析确定某一元素的存在，必须在该试样的光谱中辨认几条灵敏线或最后线，以判断该元素存在与否。

根据赛伯-罗马金公式 $I=ac^b$ 进行定量测定，当元素浓度很低时，自吸现象可忽略不计，即 $b=1$，通过测量待测元素特征谱线的强度与浓度的关系进行定量分析。

本实验对硝酸铵试剂中的微量元素进行定性分析，然后对试剂中的 Al、Cu、Cr 等微量金属元素进行定量分析。

【仪器与试剂】

仪器：等离子体原子发射光谱仪；液氮罐或氩气钢瓶；容量瓶。

试剂：1.0mg/mL Al 标准储备液；1.0mg/mL Cu 标准储备液；1.0mg/mL Cr 标准储备液；6mol/L HNO_3溶液；去离子水。

【实验步骤】

1. 标准溶液的配制

① Al 标准溶液的配制：吸取 10.00mL 1.0mg/mL Al 标准储备液至 100mL 容量瓶中，用去离子水稀释至刻度，摇匀，此溶液含 Al 100.0μg/mL。

按上述方法，配制 100.0μg/mL Cu、Cr 标准溶液。

② Al、Cu、Cr 混合标准溶液的配制：在一个 100mL 容量瓶中分别加入 1.00mL 100.0μg/mL Al、Cu、Cr 标准溶液，加 3mL 6mol/L HNO_3溶液，用去离子水稀释至刻度，摇匀。此溶液含 Al、Cu、Cr 的浓度均为 1.00μg/mL。

2. 试样溶液的配制

在电子天平上准确称取 1～1.2g 硝酸铵样品，将其置于 50mL 烧杯中，用去离子水溶解，然后转移至 100mL 容量瓶中，定容后摇匀备用。

3. 测定

ICP 的射频功率为 1200W，冷却气流量为 12L/min，辅助气流量为 0.3L/min，载气压力为 24psi（1psi=6.895kPa），蠕动泵转速为 100r/min，溶液提升量为 0.2L/min、0.8L/min、1.5L/min，观察位置自动优化。然后将标准溶液和处理好的试样分别导入电感耦合等离子体发射光谱仪中进行测试。分析线：Al 300.27nm、Cu 327.393nm、Cr 267.716nm。

【数据记录与处理】

将实验原始数据及数据处理结果记录至表 2-6。

表 2-6 谱线强度及元素含量

元素名称	分析线波长/nm	谱线强度		含量/(mg/kg)
		标准溶液	试样溶液	
Al	300.27			
Cu	327.393			
Cr	267.716			

【注意事项】

1. 实验过程中涉及高压、高电流操作，要注意安全。

2. 注意关机的规范操作，实验结束后，要先用去离子水清洗进样系统，然后降低压力，熄灭等离子体，最后关闭冷却气。

【思考题】

1. 原子发射光谱法定性和定量分析的理论依据是什么？

2. ICP 光源的基本构成是什么？简述各部件的作用。

实验 4 ICP-AES 法测定婴幼儿奶粉中金属元素的含量（设计实验）

【实验目的】

1. 了解奶粉中主要金属元素的种类。

2. 熟练文献查阅方法。
3. 初步练习设计实验方案。

【实验提示】

1. 国家标准中允许奶粉中各主要金属元素的含量范围是多少？
2. 原子发射光谱法测定奶粉中金属元素的方法原理是什么？如何定量？
3. 根据现有文献报道还有哪些方法可以测定奶粉中的金属元素？

【设计实验方案】

1. 本实验的方法原理是什么？
2. 定性和定量方法各是什么？
3. 用到的仪器、试剂有哪些？
4. 如何设计实验步骤？
5. 如何处理数据？
6. 注意事项有哪些？

2.5 拓展内容

（1）原子发射光谱的发展历程

原子发射光谱法是光谱分析法中产生与发展最早的一种。早在 1859 年，德国学者 G. R. Kirchhoff 和 R. W. Bunsen 合作，制造了第一台用于光谱分析的分光镜，从而使光谱检测法得以实现。以后的 30 年中，逐渐确立了光谱定性分析方法。到 1930 年以后，建立了光谱定量分析法。原子发射光谱法对科学的发展起了重要作用，在建立原子结构理论的过程中，提供了大量的、最直接的实验数据。科学家们通过观察和分析物质的发射光谱，逐渐认识了组成物质的原子结构。在元素周期表中，有不少元素是利用原子发射光谱发现或通过光谱法鉴定而被确认的。例如，碱金属中的铷、铯；稀土金属中的镓、铟、铊；稀有气体中的氦、氖、氩、氪、氙等。在近代各种材料的定性、定量分析中，原子发射光谱法发挥了重要作用，特别是新型光源的研制与电子技术的不断更新和应用，使原子发射光谱分析获得了新的发展，成为仪器分析中最重要的方法之一。

（2）国家标准

《热塑性弹性体　重金属含量的测定　电感耦合等离子体原子发射光谱法》（GB/T 33422—2016）。

GB/T 33422—2016

第3章 原子吸收光谱法

3.1 原子吸收光谱法的基本原理

原子吸收光谱法（atomic absorption spectroscopy，AAS）是基于从光源发出的待测元素特征辐射通过待测物质所产生的原子蒸气时，被其基态原子所吸收，由辐射强度的减弱程度对待测元素进行定量分析的一种方法。

各种元素的原子结构和外层电子排布方式不同，不同元素的原子从基态激发至第一激发态时，吸收的能量不同，因而各种元素的共振线不同且各有其特征性，所以这种共振线是元素的特征谱线。

$$\Delta E = h\nu = h\frac{c}{\lambda} \tag{3-1}$$

从基态到第一激发态间的直接跃迁最易发生，因此，对大多数元素来说，共振线是元素的灵敏线。原子吸收光谱法就是利用基态的待测原子蒸气吸收从光源辐射的共振线来进行分析的。

原子吸收光谱所用的光源是能发射待测元素特征光谱的锐线光源。当由光源发出的待测元素的特征辐射强度为 I_0，通过原子蒸气时，被原子的外层电子选择性地吸收，通过原子蒸气后，入射光的辐射强度减弱为 I，其减弱程度与蒸气中该元素原子浓度成正比。在实验条件一定时，基态原子对共振线的吸收程度与蒸气中基态原子的数目和原子蒸气吸收层厚度的关系，在一定条件下，服从朗伯-比尔定律：

$$A = \lg\frac{I_0}{I} = KN_0L \tag{3-2}$$

式中，A 为吸光度；I_0为入射辐射强度；I 为透过原子蒸气吸收层的透射辐射强度；K 为吸光系数；N_0为蒸气中的基态原子数目；L 为原子蒸气吸收层的厚度。

由于原子化过程中激发态原子数目很少，蒸气中基态原子数目实际上接近于待测元素的总原子数目，而总原子数目与溶液中待测元素的浓度成正比。在 L 一定的条件下：

$$A = Kc \tag{3-3}$$

式中，A 为吸光度；c 为溶液中待测元素的浓度；K 为常数。此式为原子吸收光谱法定量分析的理论基础。

原子吸收光谱法具有检出限低、灵敏度高（火焰原子吸收法可达到μg/mL；石墨炉原子吸收法更高，可达μg/L）、选择性强、简便、快速、试样用量少、应用范围广等特点。其不足之处在于每测一种元素，都需要更换相应的元素空心阴极灯，给试样中多元素同时测定带来不便。

原子吸收光谱法特点

3.2 原子吸收光谱仪的结构

原子吸收光谱仪又称原子吸收分光光度计，有单光束型和双光束型两类，其主要部件基本相同，由光源、原子化系统、分光系统及检测系统组成，图3-1为原子吸收光谱仪结构示意图。

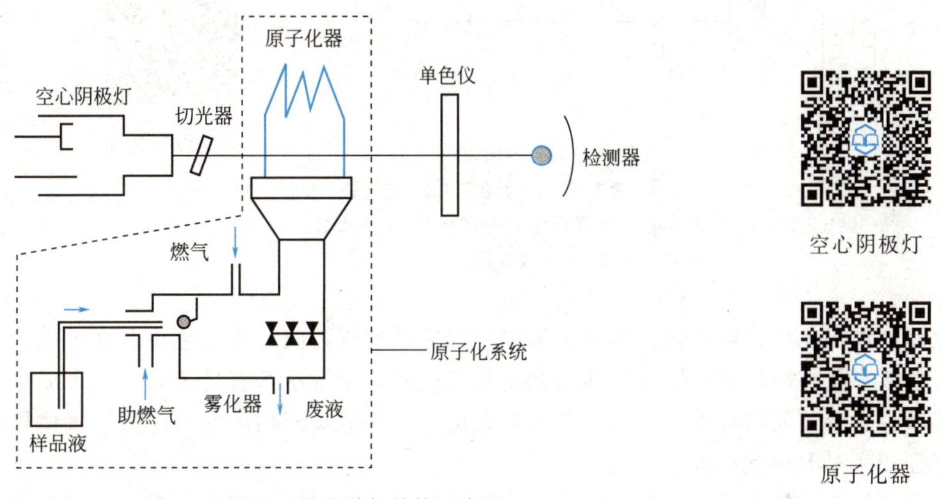

图3-1　原子吸收光谱仪结构示意图

空心阴极灯

原子化器

3.2.1 光源

光源的作用是辐射待测元素的特征光谱（实际辐射的是共振线和其他非吸收谱线）。为了测出待测元素的峰值吸收，必须使用锐线光源。对光源的基本要求：能辐射锐线，即发射线的半宽度要远远小于吸收线的半宽度；能辐射待测元素的共振线且有足够的强度；辐射的光强度必须稳定且背景小。空心阴极灯是最理想的锐线光源。

空心阴极灯是一种气体放电管，它包括一个阳极（钨棒）和一个空心圆筒形阴极（用发射所需谱线的金属或合金直接制成或以铜、铁、镍等金属制成阴极衬套，再熔入所需金属制成）。两电极密封于充有低压气体的带有石英或玻璃窗的玻璃壳中。

3.2.2 原子化系统

原子化系统的作用是将试样中的待测元素转变成原子蒸气。常用的原子化方法有两种，火焰原子化法和无火焰原子化法。

（1）火焰原子化法

火焰原子化器是由化学火焰的燃烧热提供能量，使待测元素原子化。此方法应用最早，而且至今仍广泛应用。

火焰原子化装置包括雾化器、雾化室和燃烧器三部分。图 3-2 为火焰原子化器结构示意图。其工作过程为：试液经雾化器雾化，经雾化室去除较大雾滴后，留下细小而均匀的雾滴进入燃烧器的火焰中，在火焰的温度作用下，经过一系列复杂变化形成基态原子。

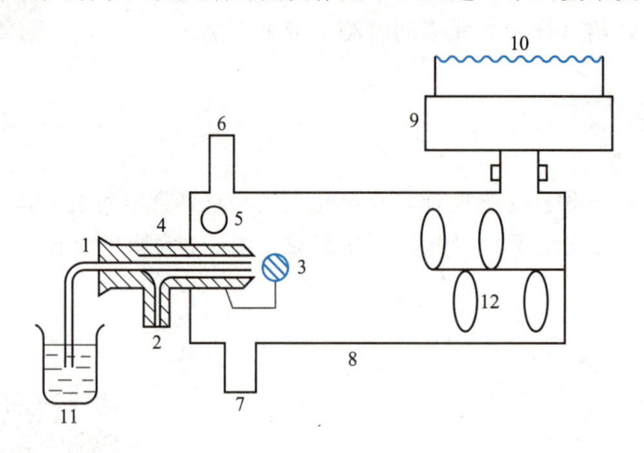

图 3-2 火焰原子化器结构示意图

1—毛细管；2—空气入口；3—撞击球；4—雾化器；5—空气补充口；
6—燃气入口；7—废液口；8—预混合室；9—燃烧头；10—火焰；
11—试样溶液；12—扰流器

雾化器的作用是将试液雾化，喷出微米级直径雾粒的气溶胶，雾滴越小，在火焰中生成基态原子的效率就越高。雾化器的性能对测定精密度和化学干扰等有显著影响。形成雾滴的速率除了取决于溶液的物理性质如表面张力及黏度等，还取决于助燃气的压力、气体导管和毛细管直径的相对大小和位置。

雾化室的作用是将较大的气溶胶凝聚为大的溶珠，沿室壁流入废液管排走；同时使进入火焰的雾滴更小、更均匀；将燃气、助燃气及雾滴混合均匀后进入燃烧器。

燃烧器的作用是产生火焰，使进入火焰的试样气溶胶经过脱溶、蒸发、灰化和解离等过程后，产生大量的基态自由原子和少量的激发态原子、离子和分子。燃烧器有两种类型，即预混合型和全消耗型。预混合型燃烧器能够在预混合室内将较大的雾滴除去，使试液雾滴均匀，再喷入火焰。燃烧器应能旋转一定的角度，高度也能上下调节，以便选择合适的火焰部位进行测量。

原子吸收测定中所用火焰的温度、燃烧速率及类型对测定都会产生较大的影响。原子吸收所使用的火焰只要温度能够使待测元素解离成游离基态原子就可以。超过一定温度，解离度增大，激发态原子数目增加，基态原子数目减少，这对原子吸收反而不利。火焰的燃烧速率影响火焰的安全性和稳定性。火焰的组成影响测定的灵敏度、稳定性和干扰等，因此对不同的元素应选择不同的火焰。另外，还要考虑火焰本身对光的吸收，如烃类火焰在短波区有较大吸收，而氢火焰的透射性能在短波区则好很多。常用的火焰有乙炔-空气火焰、氢气-空气火焰和乙炔-氧化亚氮高温火焰，其中乙炔-空气火焰最为常用。

火焰原子化法操作简单、火焰稳定、重现性好、精密度高、应用范围广，但是试样利用率大约只有 10%，大部分试液由废液管排出。

（2）无火焰原子化法

石墨炉原子化器是一种无火焰原子化装置，其结构如图 3-3 所示。工作原理是大电流通过石墨管产生高热、高温，使试样原子化。

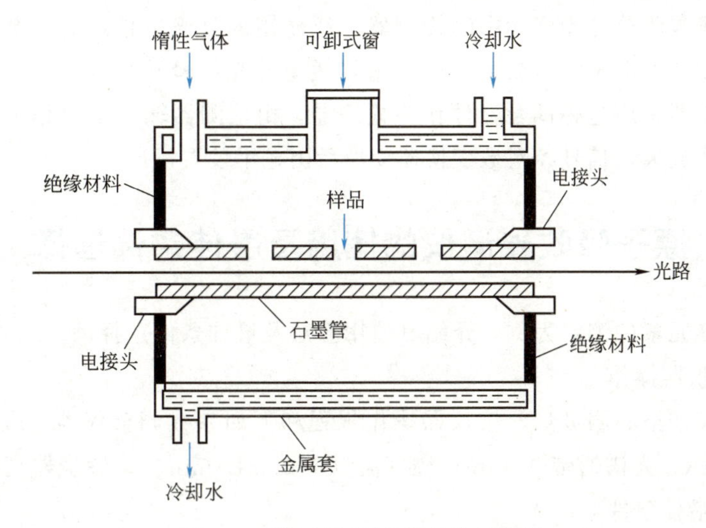

石墨炉原子化器

图3-3 石墨炉原子化器结构示意图

石墨炉原子化程序包含四个步骤，即干燥、灰化、原子化和净化，可在不同温度下，不同时间内分步进行，实现了温度可控、时间可控。其中，干燥步骤的目的是在低温下除去试样中的溶剂（通常是105℃）；灰化步骤的目的是在较高温度（350～1200℃）下去除有机化合物或低沸点无机化合物，以减少基体组分对待测元素的干扰；原子化温度因待测元素而异（2400～3000℃）；净化的作用是去除残余物，防止它们对下一次测量产生干扰。

与火焰原子化法相比，石墨炉原子化法可直接以溶液、固体进样，进样量少，原子化效率高；检出限绝对值低，可达10^{-12}～10^{-14}g，比火焰原子化法低3个数量级；可分析元素范围广。其缺点主要是有基体效应、化学干扰较多、有较强的背景、测量的重现性比较差。

3.2.3 分光系统

单色器

原子吸收光谱仪中由光源发出的谱线中除了含有待测原子的共振线以外，还含有待测原子的其他谱线、元素灯填充其他材料发射的谱线、灯内杂质气体发射的分子谱线以及其他杂质谱线等。原子吸收光谱仪中分光系统的主要作用是将待测元素的共振线与邻近谱线分开，然后进入检测装置。通常分光系统是由色散原件（光栅或棱镜）、反射镜、狭缝等组成。

原子吸收所用的吸收线是锐线光源发出的共振线，它的谱线比较简单，因此对仪器并不要求很高的色散能力，同时为了便于测定，又要有一定的出射光强度，若光源强度一定，就需要选用适当的光栅色散率与狭缝宽度配合，构成适于测定的通带来满足上述要求。通带宽度是由色散原件的色散率与入射狭缝宽度决定的，其表示式如下：

$$W=DS \tag{3-4}$$

式中，W为单色器的通带宽度，nm；D为光栅色散率的倒数，nm/mm；S为狭缝宽度，mm。

3.2.4 检测系统

检测系统主要由检测器、放大器、对数变换器、显示装置组成。

原子吸收分光光度计中的检测器广泛使用的是光电倍增管，其工作原理是利用二次电子发射放大光电流来将微弱的光信号转变为电信号。近年来一些仪器采用电感耦合器件作为检测器，由检测器输出的电信号经放大器进一步放大，信号经对数变换器变换后由显示装置读出。

检测器

3.3 原子吸收光谱仪的使用及最佳条件选择

以镁元素的测定为例，介绍其使用方法及最佳条件选择。

1. 仪器操作

安装镁空心阴极灯，按仪器操作规程和下列参数调整仪器：吸收线波长 285.2nm；灯电流 2mA；光谱通带 0.4nm；燃气流量 1700mL·min^{-1}；燃烧器高度 8mm。

2. 最佳条件的选择

（1）分析线

根据对试样分析灵敏度的要求和干扰的情况，选择合适的分析线。试液浓度低时，选择灵敏线；试液浓度较高时，选择次灵敏线，并要选择没有干扰的谱线。一般测定选择共振线作分析波长。

（2）灯电流

在初步固定的实验条件下用去离子水调零，吸喷镁标准溶液，并记录吸光度数值，然后在灯电流 2～6mA 范围依次改变灯电流，每次改变 1mA，每次改变完灯电流调整仪器能量接近 100%，用去离子水调零，对所配制的镁标准溶液进行测定，每个条件测定 4 次，计算平均值和相对标准偏差。

（3）光谱带宽

设置灯电流为最佳灯电流，依次改变光谱带宽分别为 0.1nm、0.2nm、0.4nm、1.0nm、2.0nm，每次改变完光谱带宽调整能量接近 100%，用去离子水调零，测定试液的吸光度。记录每个光谱带宽下试液的吸光度值。

（4）燃烧器高度和燃气流量

固定灯电流、狭缝宽度、助燃气流量，交错改变燃烧器高度、乙炔流量，参数如下表所示，测定在各条件下的吸光度值。

乙炔流量-燃烧器高度参考值表

H/mm V/(mL/min)	6	8	10	12	14	16
1500						
1700						
1900						
2100						
2300						

（5）结束实验

实验结束后，喷入蒸馏水 3～5min，熄灭火焰，先关乙炔气，再关空气。按顺序关闭计算机操作程序和主机电源。清理实验台面，盖好仪器罩，填好仪器使用登记卡。

（6）根据实验数据，汇总实验结果

① 绘制吸光度对灯电流的关系曲线，选取灵敏度高、稳定性好的灯电流为工作电流。

② 绘制吸光度对光谱带宽的关系曲线，选择不致引起灵敏度明显降低的最大光谱带宽为最佳带宽。

③ 根据表中的数据，以吸光度对燃气流量作图，分别得到不同燃烧器高度下的吸光度-燃气流量曲线，确定最佳燃助比和最佳燃烧器高度。

3.4 实验内容

实验 5 火焰原子吸收光谱法测定自来水中钙和镁含量

【实验目的】

1. 掌握火焰原子吸收光谱法的基本原理。
2. 熟悉火焰原子吸收光谱仪的基本结构和操作使用方法。
3. 掌握标准曲线法定量分析的应用。

【实验原理】

原子吸收光谱法主要用于定量分析，其基本依据是朗伯-比尔定律，即在一定实验条件下，待测元素的吸光度与该元素的浓度成正比，即 $A=Kc$。在原子吸收光谱分析中，常用的定量方法为标准曲线法和标准加入法。

本实验采用标准曲线法测定水中钙、镁含量，即配制已知浓度的系列标准溶液，在一定的实验条件下，依次测定其吸光度，绘制成浓度-吸光度标准曲线。试样经适当处理后，在与测量标准溶液相同的实验条件下测量其吸光度，在标准曲线上即可查出试样溶液中被测元素的含量，然后计算原始试样中被测元素的含量。

【仪器和试剂】

仪器：原子吸收分光光度计；容量瓶；移液管；烧杯；表面皿。

试剂：

① 镁标准溶液　准确称取 1.6583g 预先在 800℃灼烧至恒重的高纯氧化镁，于 100mL 烧杯中，用少量蒸馏水润湿，盖上表面皿，加入 1mol/L 盐酸至完全溶解，转移至 1000mL 容量瓶中，稀释至刻度，摇匀，此时溶液中含镁 1.000mg/mL。吸取 2.50mL 1.000mg/mL 镁的储备液于 500mL 容量瓶中，用蒸馏水稀释至刻度，摇匀，此溶液含镁 0.005mg/mL。

② 钙标准溶液　准确称取 2.4970g 于 110℃下干燥 2h 的基准碳酸钙，加入 100mL 蒸馏水润湿，盖上表面皿，滴加 1mol/L 盐酸溶液至完全溶解，于低温电炉上加热至沸，赶尽

CO_2，用蒸馏水定容至1000mL，此溶液含钙1.000mg/mL。吸取10mL 1.000mg/mL钙的储备液于100mL容量瓶中，用蒸馏水稀释至刻度，摇匀，此溶液含钙0.100mg/mL。

【实验步骤】

1. 标准溶液配制

准确移取0mL、1.00mL、2.00mL、3.00mL、4.00mL、5.00mL 0.100mg/mL钙标准溶液于50mL容量瓶中，再用5mL移液管分别吸取0mL、1.00mL、2.00mL、3.00mL、4.00mL、5.00mL 0.005mg/mL镁标准溶液于上述6个50mL容量瓶中，分别加入2.50mL (1+1) HCl，用蒸馏水稀释至刻度，摇匀。系列标准溶液分别含钙0μg/mL、2.00μg/mL、4.00μg/mL、6.00μg/mL、8.00μg/mL、10.00μg/mL，含镁0μg/mL、0.10μg/mL、0.20μg/mL、0.30μg/mL、0.40μg/mL、0.50μg/mL。

2. 钙的测定

(1) 自来水样的制备

用5mL移液管吸取自来水样5.00mL于50mL容量瓶中，加入2.5mL (1+1) HCl，用蒸馏水稀释至刻度，摇匀。

(2) 测定

安装钙空心阴极灯，选择如下工作参数调整仪器：分析线422.7nm；灯电流2.0mA；光谱带宽0.4nm；燃气流量$2400mL \cdot min^{-1}$；燃烧器高度14mm。逐一测量并记录标准系列和自来水样的吸光度。

3. 镁的测定

(1) 自来水样的制备

用1mL移液管吸取自来水样1.00mL于50mL容量瓶中，加入2.5mL (1+1) HCl，用蒸馏水稀释至刻度，摇匀。

(2) 测定

安装镁空心阴极灯，参照3.3节选定的测量条件，逐一测量并记录标准系列和自来水样的吸光度。

【数据记录与处理】

1. 标准曲线的绘制

(1) 钙标准曲线的绘制（表3-1）

表3-1 钙标准曲线的绘制

钙标准溶液浓度/(μg/mL)	0	2.00	4.00	6.00	8.00	10.00
吸光度 *A*						

(2) 镁标准曲线的绘制（表3-2）

表3-2 镁标准曲线的绘制

镁标准溶液浓度/(μg/mL)	0.00	0.10	0.20	0.30	0.40	0.50
吸光度 *A*						

2. 用 origin 作图程序绘制钙和镁的标准曲线，由未知试样的吸光度求出自来水中钙和镁的含量，以 μg/mL 表示。

【注意事项】

1. 测定溶液样品时，试样的吸光度应在标准曲线的线性范围内，并尽量靠近中部，否则应改变取样的体积以满足上述条件。

2. 点燃乙炔火焰之前，一定要先开空气，然后开乙炔气；实验结束时，一定要先关闭乙炔气，再关闭空气。

3. 应关掉灯电源后再更换空心阴极灯，以防触电或造成灯电源短路。

【思考题】

1. 使用标准曲线法进行定量分析时有哪些注意事项？

2. 简述火焰原子吸收光谱法的特点。

实验 6　火焰原子吸收光谱法测定合金钢中铅、镉的含量

【实验目的】

1. 进一步熟悉火焰原子吸收光谱仪的基本结构和操作使用方法。

2. 掌握标准加入法进行定量分析的方法原理。

【实验原理】

原子吸收光谱分析定量的方法有标准曲线法和标准加入法。如果待测试样的确切组成比较复杂，或者是不完全知道时，这就很难配制与待测试样组成相似的标准溶液，在这种情况下，可用标准加入法，其操作方法如下。

取相同体积的试样溶液两份，分别移入相同容积的容量瓶 A 和 B，另取一定量的标准溶液加入 B 中，然后将两份溶液稀释至刻度，测出 A 和 B 两溶液的吸光度。设试样中待测元素浓度为 c_x，加入标准溶液的浓度为 c_0，A 溶液的吸光度为 A_x，B 溶液的吸光度为 A_0，则可得：

$$A_x = kc_x \tag{3-5}$$

$$A_0 = k(c_0 + c_x) \tag{3-6}$$

由以上两式得：

$$c_x = \frac{A_x}{A_0 - A_x}c_0 \tag{3-7}$$

实际测定中，采用作图法所得结果更为准确。一般移取五份等体积试样溶液置于五只相同容积的容量瓶中，从第二份开始分别按比例加入不同量的待测元素的标准溶液，然后用溶剂稀释至一定体积，设待测元素的浓度为 c_x，加入标准溶液后浓度分别为 c_x、c_x+c_0、c_x+2c_0、c_x+3c_0、c_x+4c_0，分别测得吸光度为 A_x、A_1、A_2、A_3、A_4，以 A 对标准溶

液加入量作图，得图 3-4 所示的直线。这时曲线并不通过原点。截距所反映的吸收值正是试样中待测元素所引起的效应。如果外延此曲线使其与横坐标相交，原点与交点的距离，即为所求待测元素的浓度 c_x。

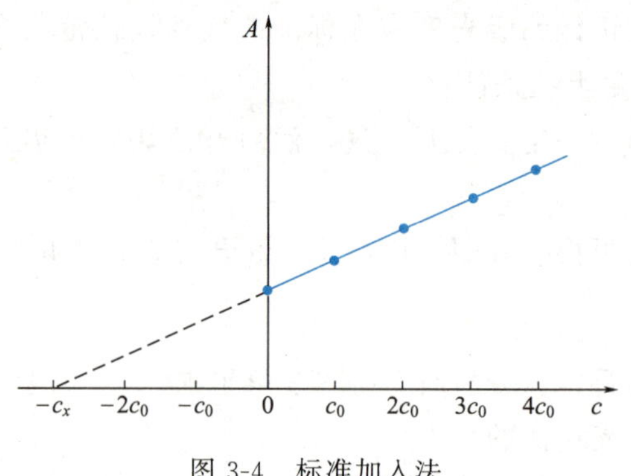

图 3-4　标准加入法

使用标准加入法时需要注意以下几点：

① 本方法可以消除基体效应带来的影响，但不能消除背景吸收的影响，因此只有消除了背景吸收之后，才能得到待测元素的真实含量，否则将得到偏高的结果。

② 为了得到较准确的外推结果，最少应采用 4 个点（包括试样溶液本身）来做外推曲线，并且第一份加入的标准溶液与试样溶液的浓度之比应恰当。

③ 待测元素浓度与其对应的吸光度应呈线性关系。

④ 对于斜率太小的曲线（灵敏度差），容易引起较大的误差。

【仪器和试剂】

仪器：TAS-990F 型原子吸收光谱仪；铅空心阴极灯；镉空心阴极灯；乙炔钢瓶；空气压缩机；电热炉；吸量管；微量进样器；容量瓶；烧杯。

试剂：铅标准储备液（1.000mg/mL）；镉标准储备液（1.000mg/mL）；硝酸；高氯酸；超纯水。

① 铅标准储备液（1.000mg/mL）的配制　准确称取 1.000g 金属铅（99.99%），分批次加入少量 1∶1 硝酸，加热溶解，总量不超过 37mL，移入 1000mL 容量瓶，加水稀释至刻度，定容，摇匀。此溶液每毫升含 1.0mg 铅，存于聚乙烯塑料瓶中。

② 镉标准储备液（1.000mg/mL）的配制　准确称取 1.000g 金属镉（99.99%），分批次加入少量 1∶1 硝酸，加热溶解，总量不超过 37mL，移入 1000mL 容量瓶，加水稀释至刻度，定容，摇匀。此溶液每毫升含 1.0mg 镉，存于聚乙烯塑料瓶中。

【实验步骤】

1. 样品预处理

准确称取合金钢样 1～3mg 放入 200mL 烧杯中，加入硝酸 5mL，在电热炉上加热消解（不需沸腾）。蒸至 10mL 左右，加入 5mL 硝酸和 2mL 高氯酸，继续消解，直至剩余 1mL 左右。如果消解不完全，再加入 5mL 硝酸和 2mL 高氯酸，再次蒸至 1mL 左右。取下冷却，加水溶解残渣，通过预先用酸洗过的中速滤纸滤入 100mL 容量瓶中，用水稀释至刻度线，摇匀，备用。

取0.2%硝酸100mL，按照上述相同的程序操作，以此为空白样。

2. 标准溶液的配制

① 铅标准溶液（0.0100mg/mL）的配制

用吸量管准确移取1.00mL 1.000mg/mL的铅标准储备液放入100mL容量瓶中，用水稀释至刻线，摇匀，备用。

② 镉标准溶液（0.0100mg/mL）的配制

用吸量管准确移取1.00mL 1.000mg/mL的镉标准储备液放入100mL容量瓶中，用水稀释至刻线，摇匀，备用。

③ 系列标准溶液的配制

在5只50mL干净、干燥的容量瓶中，各加入20.00mL待测溶液，用微量进样器分别加入铅标准溶液0、10.00μL、20.00μL、30.00μL、40.00μL，摇匀，则该系列的外加铅浓度依次为0、5.00ng/mL、10.00ng/mL、15.00ng/mL、20.00ng/mL（铅标准溶液体积忽略不计）。

在5只50mL干净、干燥的容量瓶中，各加入20.00mL待测溶液，用微量进样器分别加入镉标准溶液0、10.00μL、20.00μL、30.00μL、40.00μL，摇匀，则该系列的外加镉浓度依次为0、5.00ng/mL、10.00ng/mL、15.00ng/mL、20.00ng/mL（镉标准溶液体积忽略不计）。

3. 样品测定

铅的分析线为283.3nm，镉的分析线为228.8nm。火焰为氧化型乙炔-空气火焰。仪器用0.2%的硝酸调零。吸入空白样和试样，测量其吸光度，扣除空白样吸光度后，从校准曲线上查出试样中金属的浓度。

【数据记录与处理】

将实验数据记录至表3-3和表3-4。

表3-3 铅溶液的吸光度

外加铅标准溶液浓度 c/(ng/mL)	0.00	5.00	10.00	15.00	20.00
吸光度 A					

表3-4 镉溶液的吸光度

外加镉标准溶液浓度 c/(ng/mL)	0.00	5.00	10.00	15.00	20.00
吸光度 A					

1. 以所测得的吸光度为纵坐标，相应的外加Pb或Cd浓度为横坐标，绘制标准曲线。

2. 将所绘制的标准曲线延长，交横坐标于$-c_x$，再用c_x乘以样品稀释的倍数，即求得合金钢中Pb和Cd的含量。

【注意事项】

1. 实验期间，应打开通风设备，使金属蒸气及时排放到室外。

2. 钢瓶附近严禁烟火，排液管应水封，以免回火。

【思考题】

1. 采用标准加入法定量分析应注意哪些问题?

2. 如果测定的吸光度值不够理想，可以通过调整仪器的哪些测定条件加以改善?

实验 7 石墨炉原子吸收光谱法测定牛奶中锌的含量

【实验目的】

1. 了解石墨炉原子吸收光谱仪的结构组成。

2. 熟悉石墨炉原子吸收光谱仪的操作技术和测定方法。

3. 掌握标准加入法定量分析的原理及操作方法。

【实验原理】

石墨炉原子吸收光谱法是将试样（液体或固体）置于石墨管中，用大电流通过石墨管，此时石墨管经过干燥、灰化、原子化三个升温程序将试样加热至高温使试样原子化。为了防止试样及石墨管氧化，需要在不断通入惰性气体的情况下进行升温。这种方法最大的优点是试样的原子化效率高（几乎全部原子化）。特别是对于易形成难熔氧化物的元素，由于没有大量氧的存在，并有石墨提供大量的碳，所以能够得到较高的原子化效率。因此，通常石墨炉原子吸收光谱法的灵敏度是火焰原子吸收光谱法的 10～200 倍。

锌存在于众多的酶系中，如碳酸酐酶、呼吸酶、乳酸脱氢酶、超氧化物歧化酶、碱性磷酸酶、DNA 和 RNA 聚合酶等中，是核酸、蛋白质、糖类的合成和维生素 A 利用的必需物质。具有促进生长发育、改善味觉的作用，常被人们誉为“生命之花”和“智力之源”。在正常食物难以保证营养的状态下，世界卫生组织推荐采用锌盐来补充人体内的锌。牛奶作为一种营养品锌含量一般也较低，其锌含量可以用原子吸收光谱法进行测量。

由于牛奶试样的基体组成比较复杂，且在通常情况下很难配制不含锌的基体，因此需采用标准加入法进行定量分析。

【仪器和试剂】

仪器：石墨炉原子吸收分光光度计；锌空心阴极灯；氩气；自动控制循环冷却水系统；容量瓶；烧杯。

试剂：锌标准溶液（0.1mg/mL）；超纯水。

【实验步骤】

1. 牛奶试样的配制

吸取 20.00mL 牛奶于 100mL 容量瓶中，用超纯水稀释定容，摇匀，备用。

2. 标准溶液的配制

在 5 只 50mL 干净、干燥的烧杯中，各加入 20.00mL 牛奶稀释液，用微量进样器分别加入锌标准溶液 0.00μL、10.00μL、20.00μL、30.00μL、40.00μL，摇匀。则该系列的外加锌浓度依次为 0.00ng/mL、50.00ng/mL、100.00ng/mL、150.00ng/mL、200.00ng/mL

(锌标准溶液体积忽略不计)。

3. 测量条件

测量条件如表3-5所示。

表3-5　石墨炉原子吸收光谱法测Zn元素升温程序

阶段	升温程序		
	温度/℃	升温/s	保持时间/s
干燥	120	10	10
灰化	450	10	20
原子化	2000	0	3
清洗	2100	1	1

4. 测量

用蒸馏水调节仪器的吸光度为零，按浓度由低到高的次序测量系列标准溶液的吸光度。

【数据记录与处理】

将实验数据记录至表3-6。

表3-6　锌溶液的吸光度

外加Zn浓度 c/(ng/mL)	0.00	50.00	100.00	150.00	200.00
吸光度 A					

1. 以所测得的吸光度为纵坐标，相应的外加Zn浓度为横坐标，绘制标准曲线。

2. 将所绘制的标准曲线延长，交横坐标于$-c_x$，再用c_x乘以样品稀释的倍数，即求得牛奶中Zn的含量。

【注意事项】

1. Zn在环境中大量存在，极容易造成污染，影响实验的准确性，必须同时做试剂空白实验，给予扣除。

2. 实验所用玻璃仪器要用酸浸泡，其他设备也要尽可能洁净，防止污染。

【思考题】

1. 石墨炉原子吸收光谱法测定中通氩气的作用是什么?

2. 为什么石墨炉原子吸收光谱法比火焰原子吸收光谱法的灵敏度更高?

实验8　酱油中重金属元素含量的测定(设计实验)

【实验目的】

1. 了解酱油的酿造工艺。

2. 了解酱油中可能含有的重金属元素种类及检测方法。
3. 查阅文献，自拟实验方案，独立完成实验准备以及对试样的测定。

【实验提示】

1. 国家标准中允许酱油中含有的重金属元素的种类有哪些？含量范围各是多少？
2. 原子吸收光谱法测定酱油中重金属元素含量的方法原理是什么？
3. 根据现有文献报道还有哪些方法可以测定酱油中的重金属元素？

【设计实验方案】

1. 方法原理是什么？
2. 定量方法是什么？
3. 用到的仪器、试剂有哪些？
4. 如何设计实验步骤？
5. 如何处理数据？
6. 注意事项有哪些？

3.5 拓展内容

(1) 原子吸收光谱法的发展历程

早在1802年，W. H. Wollaston在研究太阳连续光谱时，就发现了太阳连续光谱中出现的暗线，这是对原子吸收现象的早期发现，但当时尚不了解产生这些暗线的原因。1859年，G. R. Kirchhoff与R. W. Bunson在研究碱金属和碱土金属的火焰光谱时，发现钠蒸气发出的光通过温度较低的钠蒸气时，会引起钠光的吸收，并将太阳连续光谱中的暗线解释为太阳外围大气圈中的原子对太阳光谱中的辐射吸收。1955年，澳大利亚的A. Walsh发表了著名的《原子吸收光谱在化学分析中的应用》一文，奠定了原子吸收光谱法的基础。1959年，苏联的B. V. L'vov发表了电热原子化技术的第一篇论文，开创了石墨炉电热原子吸收光谱法。

20世纪50年代末至60年代初，Hilger、Varian Tectltron及Perkin Elmer公司先后推出了原子吸收光谱商品仪器，发展了A. Walsh的设计思想。1965年，采用氧化亚氮-乙炔高温火焰代替乙炔-空气火焰，将火焰原子化方法可测定的元素从30多种扩展到70种。此后原子吸收光谱开始进入迅速发展的时期，包括非火焰的电热原子化法和氢化物原子化法。1970年，Perkin Elmer公司生产了世界上第一台石墨炉原子吸收光谱商品仪器。

原子吸收技术的发展，推动了原子吸收仪器的不断更新和发展，而其他科学特别是计算机科学的技术进步，为原子吸收仪器的不断更新和发展提供了技术支持。采用微机控制的原子吸收光谱系统简化了仪器结构，提高了仪器的自动化程度，改善了测定的准确度，使原子吸收光谱法的面貌发生了重大的变化。目前，原子吸收仪器正朝着多元素同时分析、与其他技术联用以及元素的化学形态分析方面继续发展。

（2）国家标准

《铁矿石　汞含量的测定　冷原子吸收光谱法》（GB/T 6730.80—2019）。

GB/T 6730.80—2019

第4章 紫外-可见吸收光谱法

4.1 紫外-可见吸收光谱法的基本原理

紫外-可见吸收光谱法（UV-Visible absorption spectroscopy，UV-Vis），也称紫外-可见分光光度法，是基于溶液中物质分子或离子对紫外光（波长在200～400nm）或可见光（波长在400～780nm）的吸收现象来研究物质组成和结构的方法。紫外-可见分光光度法操作简单、准确性高、重现性好，因此被广泛应用于地矿、环境、材料、临床和食品分析等领域。在化学研究中，如平衡常数测定、配位化合物组成测定等也离不开紫外-可见分光光度法。

紫外-可见分光光度法定量分析的依据是朗伯-比尔定律。即当一束平行单色光通过含有吸光物质的稀溶液时，溶液的吸光度与吸光物质的浓度、液层厚度乘积成正比。它的数学表达式为：

$$A = abc \tag{4-1}$$

式中，A 为吸光度；a 为吸光系数，常用摩尔吸光系数 ε 表示，L/(mol·cm)；b 为液层厚度，cm；c 为待测物质浓度，mol/L。在紫外-可见分光光度法测定中，通常是将液层厚度固定，根据吸光度的大小来确定物质的浓度高低，即吸光度 A 与溶液浓度 c 成正比。

4.2 紫外-可见分光光度计的结构

紫外-可见分光光度计

4.2.1 紫外-可见分光光度计的基本结构

紫外-可见分光光度计（也称为紫外-可见吸收光谱仪）是分光光度分析法中最常用的仪器，其基本结构由五部分组成，即光源、单色器、样品池、检测器和信号显示器，如图4-1所示。

光源 → 单色器 → 样品池 → 检测器 → 信号显示器

图4-1 紫外-可见分光光度计结构示意图

(1) 光源

光源的作用是提供分析所需的连续光谱。紫外-可见分光光度计上常用的光源有热光源和气体放电灯两种。

最常用的热光源有钨灯和卤钨灯。钨灯是可见光区和近红外区最常用的光源，它适用的波长范围是320～2500nm。钨灯靠电能加热发光，要使钨灯光源稳定，必须对其电源电压严加控制，需要采用稳压变压器或电子电压调制器来稳定电源电压。卤钨灯即在钨灯中加入适量的卤化物或卤素，灯泡用石英制成，卤钨灯有较长的寿命和较高的发光效率。

紫外区的气体放电灯包括氢灯和氘灯，使用的波长范围为165～375nm，氘灯的光谱分布与氢灯相同，但其光强度比同功率的氢灯要高3～5倍，寿命比氢灯长。

(2) 单色器

单色器的作用是将光源发出的复合光分解为按波长顺序排列的单色光。单色器由入射狭缝、反射镜、色散元件、聚焦元件和出射狭缝等几部分组成，其关键部分是色散元件，起分光作用。在分光光度计中多用棱镜和光栅作为色散元件。

① 棱镜 棱镜由玻璃或石英制成，光波通过棱镜时，不同波长的光折射率不同，因而能将不同波长的光分开。玻璃棱镜用于350～3200nm的波长范围，对紫外线的吸收力强，故玻璃棱镜多用于可见光分光光度计。石英棱镜用于185～400nm的波长范围，可在整个紫外光区传播光，故在紫外分光光度计中广为应用。

② 光栅 光栅是利用光的衍射和干涉原理制成的，可用于紫外、可见及近红外光区，而且在整个波长区域具有良好、均匀一致的分辨能力。它具有色散波长范围宽、分辨能力强、成本低、便于保存和易于制备等优点，缺点是各级光谱会重叠而产生干扰。与棱镜相比，光栅在固定狭缝宽度后，所获得的单色光都具有同样宽的谱带，并且受温度影响较小，波长具有较高的精确度。因此，现在的紫外-可见分光光度计多采用光栅作为色散元件。

(3) 样品池

样品池，也称吸收池、比色皿等，一般由玻璃或石英制成，用来盛放待测的溶液。玻璃吸收池只能用于可见光区，而石英吸收池既能用于可见光区，也可用于紫外光区。

(4) 检测器

检测器是一种光电转换元件，其作用是将透过吸收池的光信号强度转变成电信号强度并进行测量。目前，常用的检测器有光电管和光电倍增管。

① 光电管 光电管是一个真空或充有少量惰性气体的二极管。根据光敏材料不同，光电管可分为紫敏和红敏两种，前者是镍阴极涂有锑和铯，适用波长范围为200～625nm，后者阴极表面涂有银和氧化铯，使用波长范围为625～1000nm。

② 光电倍增管 光电倍增管是检测微弱光最常用的光电元件，它是利用二次电子发射放大电流的一种真空光敏器件，其灵敏度比一般光电管要高200倍，而且不易疲劳，因此可使用较窄的单色器狭缝，从而对光谱的精细结构有较好的分辨能力。

(5) 信号显示器

早期的分光光度计多采用检流计、微安表作为显示装置，直接读出吸光度或透射比。现代的分光光度计多采用数字电压表等显示，或者用 X-Y 记录仪直接绘出吸收（或透射）曲线，并配有计算机数据处理平台。

4.2.2 紫外-可见分光光度计的类型

紫外-可见分光光度计的类型很多，根据仪器结构的不同可分为单光束分光光度计、双光束分光光度计、单波长分光光度计、双波长分光光度计、多通道分光光度计和探头式分光光度计等，其中单光束分光光度计和双光束分光光度计属于单波长分光光度计，双光束分光光度计最为常用。这里仅介绍双光束分光光度计。

从光源发出的复合光经单色器分光后，形成的单色光被反射镜（切光器）分为强度相等的两束光，分别通过参比溶液和样品溶液，如图 4-2 所示。由于两束光同时通过参比溶液和样品溶液，因此能够自动消除光源强度变化所引起的误差。双光束分光光度计一般能自动记录吸收光谱曲线，其灵敏度较好，但结构较复杂、价格较贵。日本的 UV-2450 型及我国的 UV-2100 型、UV-763 型等均属于此类型。

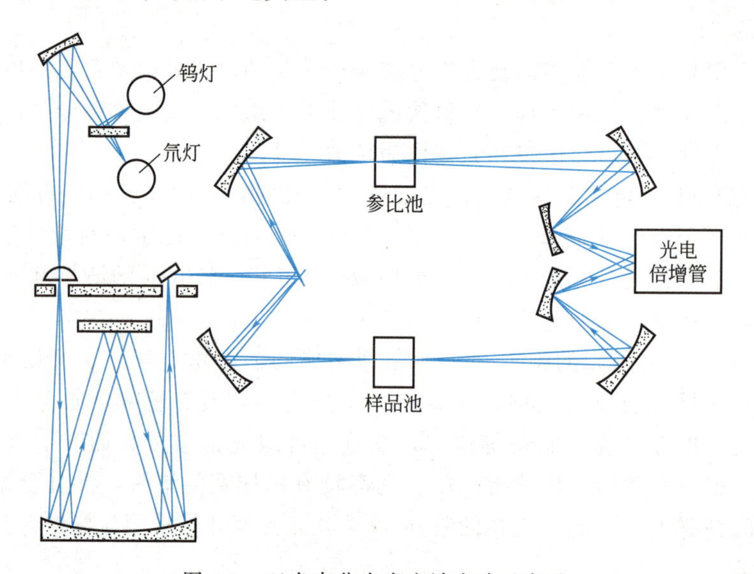

图 4-2　双光束分光光度计光路示意图

4.3 分光光度计的使用方法

4.3.1 722N 型分光光度计的使用方法

① 插上电源，打开开关，打开样品室盖，按“A(吸光度)/T(透射比)/C(浓度)/F(斜率)”键，选择“T%”状态，选择测量所需波长，预热 30min。

② 用参比液润洗比色皿（装样品的比色皿要用样品液润洗），装样到比色皿的 3/4 处（以确保光路通过被测样品中心），用吸水纸吸干比色皿外部所沾的液体，将比色皿的光面对准光路放入比色皿架，用同样的方法将所测样品装到其余的比色皿中并放入比色皿架中。

③ 保持在“T%”状态，将装有参比液的比色皿拉入光路，当关上样品室盖时，屏幕应显示“100.0”，如否，按“OA/100%”键；打开样品室盖，屏幕应显示“0.000”，如否，按“0%”键；重复 2～3 次。

④ 关上样品室盖，按“A/T/C/F”键，调到“Abs”状态，屏幕应显示“0.000”，如否，按“OA/100%”键；打开试样室盖，再关上样品室盖，屏幕应继续保持显示“0.000”；重复 2～3 次。

⑤ 拉动拉杆，将其余测试样品逐一拉入光路，记下测量数值。

⑥ 测量完毕后，将比色皿清洗干净，擦干，放回盒子，关上开关，拔下电源，罩上防

尘罩。

4.3.2　TU-1810型分光光度计的使用方法

（1）开机

开机前确认样品室内无挡光物。开启仪器后，仪器先进行初始化，通常情况下经过60min预热，使光源达到稳定后开始测量。

（2）光度测量

进入光度测量窗口后，在“测量”菜单的下拉列表中选择“参数设置”，在“测量”选项卡下选择波长及光度模式，其他选项卡可不必设置。在样品室中放入参比溶液后进行校零，然后放入样品溶液，点击“开始”按钮进行测定。

（3）光谱扫描

进入光谱扫描窗口后，在“测量”菜单的下拉列表中选择“参数设置”，在“测量”选项卡下设置光度方式及扫描起点、终点、速度、间隔等扫描参数，点击“开始”按钮进行扫描。

（4）定量测量

进入定量测量窗口后，在“测量”菜单的下拉列表中选择“参数设置”，在“测量”选项卡下选择测量方式，如双波长系数法，设置主波长、基线波长和系数。在“校正曲线”选项卡下选择曲线方程类型、方程次数、浓度单位等。用参比溶液校零后，在标准样品窗口依次放入标准样品，点击“开始”按钮测定并输入浓度。标准样品测量完成后将光标移至未知样品窗口，放入待测样品，点击“开始”按钮测定。

测量完成后保存数据，取出比色皿并清洁样品池。

4.4　实验内容

实验9　苯和苯系物紫外吸收光谱的测定及溶剂效应

【实验目的】

1. 学习有机化合物结构与其紫外吸收光谱之间的关系。
2. 观察溶剂对紫外吸收光谱的影响。
3. 掌握紫外-可见分光光度计的使用方法。

【实验原理】

与紫外-可见吸收光谱有关的电子有三种，即形成单键的σ电子、形成双键的π电子及未参与成键的n电子。跃迁类型有$\sigma\rightarrow\sigma^*$、$n\rightarrow\sigma^*$、$n\rightarrow\pi^*$和$\pi\rightarrow\pi^*$四种。其中，$\pi\rightarrow\pi^*$和$n\rightarrow\pi^*$两种跃迁的能量小，相应波长出现在近紫外区甚至可见光区，且对光的吸收很强。

影响有机化合物紫外吸收光谱的因素有内因和外因两个方面。

内因是指共轭体系电子结构，包括共轭效应、空间位阻、助色团的影响等。随着共轭效应的增大，吸收带向长波方向移动（称为红移），同时吸收强度增大。含有生色团的化合物通常在紫外或可见光区产生吸收带。助色团本身在紫外及可见光区不产生吸收带，但当与生色团相连时，因形成 $n \to \pi^*$ 共轭而使生色团的吸收带红移，吸收强度也有所增大。

外因是指测定条件，如溶剂效应等。溶剂效应是指受溶剂极性及酸碱性的影响，溶质吸收峰的波长、强度及形状发生不同程度的变化。原因是溶剂分子和溶质分子间可能形成氢键，或极性溶剂分子的偶极使溶质分子的极性增强，从而引起溶质分子能级的变化，使吸收带发生迁移。溶剂极性的改变会使有机化合物 $n \to \pi^*$ 和 $\pi \to \pi^*$ 跃迁产生的吸收光谱的位置向不同方向移动。一般来说，极性大的溶剂会使 $\pi \to \pi^*$ 跃迁谱带红移，而使 $n \to \pi^*$ 跃迁谱带蓝移（紫移）。溶液的酸碱性也会改变某些化合物吸收光谱的位置。

苯在 230～270nm 之间出现的精细结构是其特征吸收峰（B 带），中心在 254nm 附近，其最大吸收峰常因苯环上取代基的不同而发生位移。

【仪器与试剂】

仪器：紫外-可见分光光度计；1cm 石英比色皿若干；10mL 具塞比色管；1mL、2mL 移液管。

试剂：苯（AR）；甲苯（AR）；苯酚（AR）；苯甲酸（AR）；苯胺（AR）；正己烷（AR）；乙醇（AR）；盐酸溶液（0.1mol/L）；氢氧化钠溶液（0.1mol/L）；超纯水；苯的正己烷溶液（0.30g/L）；甲苯的正己烷溶液（0.25g/L）；苯酚的正己烷溶液（0.25g/L）；苯甲酸的正己烷溶液（0.50g/L）；苯胺的正己烷溶液（0.30g/L）；苯的乙醇溶液（0.30g/L）；甲苯的乙醇溶液（0.25g/L）；苯酚的乙醇溶液（0.25g/L）；苯甲酸的乙醇溶液（0.50g/L）；苯胺的乙醇溶液（0.30g/L）；苯酚的水溶液（0.30g/L）。

【实验步骤】

1. 苯的吸收光谱的绘制

在石英比色皿中，加入两滴苯，加盖，用手心温热样品池下方片刻，在紫外-可见分光光度计上，在 200～330nm 进行波长扫描，得到吸收光谱。

2. 助色团对紫外吸收谱带的影响

在 5 个 10mL 具塞比色管中，分别加入苯、甲苯、苯酚、苯甲酸和苯胺的正己烷溶液 2.00mL，用正己烷稀释至刻度，摇匀。在带盖的石英比色皿中，以正己烷作参比溶液，在 200～320nm 进行光谱扫描，得到吸收光谱。观察甲苯、苯酚、苯甲酸和苯胺的正己烷溶液各吸收光谱的图形，找出其 λ_{max}。

3. 溶剂的极性对紫外吸收光谱的影响

在 5 个 10mL 具塞比色管中，分别加入苯、甲苯、苯酚、苯甲酸和苯胺的乙醇溶液 2.00mL，用乙醇稀释至刻度，摇匀。在带盖的石英比色皿中，以乙醇作参比溶液，在200～350nm 进行光谱扫描，得到吸收光谱。观察甲苯、苯酚、苯甲酸和苯胺的乙醇溶液各吸收光谱的图形，找出其 λ_{max}。

4. 溶剂的酸碱性对紫外吸收光谱的影响

在 2 个 10mL 具塞比色管中，各加入苯酚水溶液 0.50mL，分别用 0.1mol/L 盐酸和 0.1mol/L 氢氧化钠溶液稀释至刻度，摇匀。用石英比色皿，以水为参比，在 200～350nm 进行光谱扫描，比较吸收光谱 λ_{max} 的变化。

【数据记录与处理】

1. 助色团及溶剂极性对紫外吸收光谱的影响

试剂	λ_{max}/nm	
	正己烷	乙醇
苯		
甲苯		
苯酚		
苯甲酸		
苯胺		

结论：

2. 溶剂的酸碱性对紫外吸收光谱的影响

溶剂的酸碱性	λ_{max}/nm
0.1mol/L 盐酸溶液	
0.1mol/L 氢氧化钠溶液	

结论：

【注意事项】

1. 对于易挥发试样，应在样品池上盖上玻璃盖。

2. 石英比色皿每换一种溶液或溶剂均应清洗干净，并用待测溶液或参比溶液洗三次。样品池的光学面必须清洁干净，不准用手触摸。

【思考题】

1. 试样溶液浓度过大或过小对测量有何影响，应如何调整？

2. 为什么溶剂极性增大时，$n\rightarrow\pi^*$跃迁产生的吸收带发生蓝移，而$\pi\rightarrow\pi^*$跃迁产生的吸收带则发生红移？

实验10　双波长法测定混合溶液中苯酚的含量

【实验目的】

1. 进一步练习紫外-可见分光光度计的使用方法。

2. 掌握等吸收法消除干扰的方法。

【实验原理】

分光光度法测定多组分混合物时，通过解联立方程式，可求出各组分含量。如只需测定混合物中某种组分的含量，则可利用等吸收法消除其他组分的干扰。

设试样中含有三氯苯酚 a 和苯酚 b 两种组分，其吸收光谱如图 4-3 所示。

如在苯酚的最大吸收波长λ_1处测定苯酚的含量，三氯苯酚会产生干扰，即溶液的吸光度等于苯酚与三氯苯酚的吸光度之和。

$$A_1 = A_q^{\lambda_1} + A_b^{\lambda_1} = \varepsilon_a^{\lambda_1} bc_a + \varepsilon_b^{\lambda_1} bc_b \tag{4-2}$$

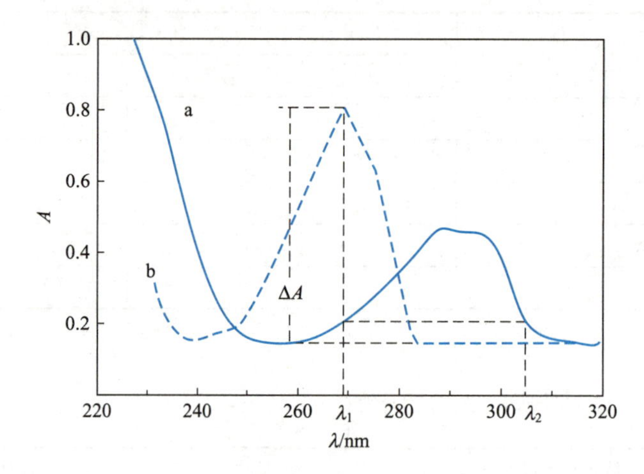

图 4-3 三氯苯酚 a 和苯酚 b 的吸收光谱

在三氯苯酚的等吸收点 λ_2 处测定溶液的吸光度，则

$$A_2=A_q^{\lambda_2}+A_b^{\lambda_2}=\varepsilon_a^{\lambda_2}bc_a+\varepsilon_b^{\lambda_2}bc_b \tag{4-3}$$

将两个波长下溶液的吸光度相减，

$$\Delta A=A_1-A_2=(\varepsilon_a^{\lambda_1}-\varepsilon_a^{\lambda_2})bc_a+(\varepsilon_b^{\lambda_1}-\varepsilon_b^{\lambda_2})bc_b=0+(\varepsilon_b^{\lambda_1}-\varepsilon_b^{\lambda_2})bc_b \tag{4-4}$$

即两个波长下溶液的吸光度差 ΔA 与待测物苯酚 b 的浓度成正比。这就是用等吸收法消除组分 a 对待测组分 b 的干扰原理。注意选定的两个波长需满足以下条件：

① 两波长处干扰组分 a 应具有相同的吸光度，即 ΔA_a 等于零；

② 被测组分 b 的吸光度差值 ΔA_b 足够大。

【仪器与试剂】

仪器：紫外-可见分光光度计；25mL 容量瓶 12 只；5mL 吸量管 2 支。

试剂：苯酚水溶液（0.250g/L）；2,4,6-三氯苯酚水溶液（0.100g/L）；含有苯酚和三氯苯酚的待测溶液。

【实验步骤】

1. 苯酚系列标准溶液的配制

取 5 只 25mL 容量瓶，分别加入 1.00mL、2.00mL、3.00mL、4.00mL、5.00mL 浓度为 0.250g/L 的苯酚水溶液，用去离子水稀释至刻度，摇匀，备用。

2. 三氯苯酚标准溶液的配制

取 5 只 25mL 容量瓶，分别加入 2.00mL、4.00mL、6.00mL、8.00mL、10.00mL 浓度为 0.100g/L 的三氯苯酚溶液，用水稀释至刻度，摇匀，备用。

3. 未知试样溶液的配制

取 5.00mL 待测试样，加入 25mL 容量瓶中，用水稀释至刻度，摇匀，备用。

4. 苯酚水溶液及三氯苯酚水溶液吸收光谱的绘制

分别用苯酚水溶液（30.0mg/L）及三氯苯酚水溶液（20.0mg/L），在 220～350nm 波长范围，以去离子水作参比溶液，用紫外分光光度计测绘它们的吸收光谱，得到两条吸收光谱绘于同一坐标上，按照图 4-3 所示选择合适的 λ_1 及 λ_2。在选择的波长 λ_1 及 λ_2 处，再用三氯苯酚溶液复测其吸光度是否相等。

5. 苯酚水溶液的标准曲线绘制及未知试样溶液的测定

在所选择的测定波长 λ_2 及参比波长 λ_1 处，用去离子水作参比溶液，分别测定苯酚系列标准溶液的吸光度。

6. 待测溶液吸光度的测定

在所选择的测定波长 λ_2 及参比波长 λ_1 处，用去离子水作参比溶液，测定未知液的吸光度。

【数据记录与处理】

溶液		A_{λ_1}	A_{λ_2}	ΔA
苯酚标准溶液/(mg/L)	10			
	20			
	30			
	40			
	50			
待测溶液				

1. 在同一坐标上绘制苯酚水溶液及三氯苯酚水溶液的吸收光谱，并选择测定波长 λ_1 及参比波长 λ_2。

2. 以 ΔA 为纵坐标，苯酚水溶液的浓度 c 为横坐标，绘制标准曲线。

3. 由未知试样溶液的 ΔA 值，从标准曲线上求得未知试样溶液中苯酚的浓度（mg/L）。

【注意事项】

1. 本实验所用的试剂均应做提纯处理。

2. 石英比色皿每换一种溶液或溶剂必须洗干净，并用待测溶液或参比溶液润洗三次。请注意保护比色皿，比色皿的光学面必须清洁干净，不准用手触摸。

3. 仪器自检或扫描过程中不得打开样品室。

4. 对于易挥发试样，应在比色皿上盖上玻璃盖。

【思考题】

1. 本实验与普通的分光光度法有何异同？

2. 如需测定未知试样溶液中苯酚及三氯苯酚两组分的含量，应如何设计实验？测量波长应如何选择？

实验 11　紫外分光光度法同时测定维生素 C 和维生素 E

【实验目的】

1. 进一步熟悉紫外-可见分光光度计的使用方法。

2. 学习在紫外光谱区同时测定双组分体系——维生素 C 和维生素 E。

【实验原理】

维生素 C（抗坏血酸）和维生素 E（α-生育酚）起抗氧剂作用，即它们在一定时间内能防止油脂变质。两者结合在一起比单独使用的效果更佳，因为它们在抗氧化性能方面是“协同的”。因此，它们经常作为一种有用的组合试剂用于各种食品中，维生素 C 是水溶性的，维生素 E 是脂溶性的，但它们都能溶于无水乙醇，因此，能在同一溶液中测定双组分的含量。

【仪器与试剂】

仪器：紫外-可见分光光度计；石英比色皿 2 只；50mL 容量瓶 11 只；10mL 吸量管 2 支。

试剂：维生素 C；维生素 E；无水乙醇。

【实验步骤】

1. 配制维生素 C 系列标准溶液

称取 0.0132g 维生素 C，溶于无水乙醇中，定量转入 1000mL 容量瓶中，用无水乙醇稀释至标线，摇匀，此溶液浓度为 7.50×10^{-5} mol/L。分别吸取上述溶液 2.00mL、4.00mL、6.00mL、8.00mL、10.00mL 于 5 只洁净干燥的 50mL 容量瓶中，用无水乙醇稀释至标线，摇匀，备用。

2. 配制维生素 E 系列标准溶液

称取维生素 E 0.0488g，溶于无水乙醇中，定量转入 1000mL 容量瓶中，用无水乙醇稀释至标线，摇匀，此溶液浓度为 1.13×10^{-4} mol/L。分别吸取上述溶液 2.00mL、4.00mL、6.00mL、8.00mL、10.00mL 于 5 只洁净干燥的 50mL 容量瓶中，用无水乙醇稀释至标线，摇匀，备用。

3. 绘制吸收光谱曲线

以无水乙醇为参比，在 220～320nm 范围绘制维生素 C 和维生素 E 的吸收光谱曲线，并确定入射光波长 λ_1 和 λ_2。

4. 绘制工作曲线

以无水乙醇为参比，分别在 λ_1 和 λ_2 处测定维生素 C 和维生素 E 系列标准溶液的吸光度并记录测定结果和实验条件。

5. 待测溶液的配制

取未知液 5.00mL 于 50mL 容量瓶中，用无水乙醇稀释至标线，摇匀。在 λ_1 和 λ_2 分别测出吸光度 A_{λ_1} 和 A_{λ_2}。

6. 结束实验

实验完毕，关闭电源。取出样品池，清洗晾干后保存。清理工作台，罩上仪器防尘罩，填写仪器使用记录。

【数据记录与处理】

1. 绘制维生素 C 和维生素 E 的吸收曲线，确定其最大吸收波长并填入下表。

名称	最大吸收波长/nm
维生素 C	
维生素 E	

2. 分别绘制维生素 C 和维生素 E 在 λ_1 和 λ_2 处的 4 条工作曲线，求出 4 条直线的斜率，

即 $\varepsilon_{\lambda_1}^{x}$，$\varepsilon_{\lambda_1}^{y}$，$\varepsilon_{\lambda_2}^{x}$，$\varepsilon_{\lambda_2}^{y}$。

维生素 C 在 λ_1 和 λ_2 处的吸光度值

浓度	λ_1处吸光度	λ_2处吸光度
c_1		
c_2		
c_3		
c_4		
c_5		

维生素 E 在 λ_1 和 λ_2 处的吸光度值

浓度	λ_1处吸光度	λ_2处吸光度
c_1		
c_2		
c_3		
c_4		
c_5		

3. 由测得的未知液 A_{λ_1}（维生素 C＋维生素 E）和 A_{λ_2}（维生素 C＋维生素 E），利用公式：

$$A_{\lambda_1}=\varepsilon_{\lambda_1}^{x}bc_x+\varepsilon_{\lambda_1}^{y}bc_y \tag{4-5}$$

$$A_{\lambda_2}=\varepsilon_{\lambda_2}^{x}bc_x+\varepsilon_{\lambda_2}^{y}bc_y \tag{4-6}$$

计算未知试样维生素 C 和维生素 E 的浓度。

【注意事项】

1. 在用分光光度法同时测定两组分混合物时，需要根据吸收光谱确定最大吸收峰。
2. 光谱条件确定后，在测定过程中不能随意变动。

【思考题】

1. 根据抗坏血酸和 α-生育酚的结构式，解释其一个是“水溶性”，一个是“脂溶性”的原因。
2. 多组分同时测定时波长选择的原则是什么？是否要先找出各组分的线性范围？
3. 使用本方法测定维生素 C 和维生素 E 是否灵敏？解释其原因。

实验 12 甲基橙解离常数的测定

【实验目的】

1. 掌握分光光度法测定一元弱酸解离常数的原理、方法及测定步骤。
2. 进一步练习分光光度计的使用方法。

【实验原理】

在分光光度法中所用的显色剂一般都是弱酸或者弱碱，其酸式型体和碱式型体的颜色不同，吸收曲线也不同，利用分光光度法可以测定其解离常数。对于一元弱酸，在溶液中存在以下解离平衡：

$$HB \rightleftharpoons H^+ + B^- \tag{4-7}$$

其解离常数为：

$$K_a = \frac{[B^-][H^+]}{[HB]} \tag{4-8}$$

或

$$pK_a = pH + \lg\frac{[HB]}{[B^-]} \tag{4-9}$$

根据公式可知，只要知道溶液的 pH 和 $[HB]/[B^-]$，就可以计算出解离常数 K_a。其中，pH 可用酸度计测量，$[HB]/[B^-]$ 可以通过测定溶液的吸光度获得。对浓度为 c 的一元弱酸，可以准备三种溶液。

如控制溶液为强酸性，此时可以认为溶液中全部以 HB 形态存在，溶液的吸光度为 A_{HB}，有

$$A_{HB} = \varepsilon_{HB}c \tag{4-10}$$

如控制溶液为强碱性，HB 完全解离为 B^-，溶液的吸光度为 A_{B^-}，有

$$A_{B^-} = \varepsilon_{B^-}c \tag{4-11}$$

如控制溶液的 pH 在 pK_a 附近，HB 和 B^- 在溶液中共存，此时的吸光度为 A，有

$$A = \varepsilon_{HB}[HB] + \varepsilon_{B^-}[B^-] \tag{4-12}$$

$$c = [HB] + [B^-] \tag{4-13}$$

由式(4-10)～式(4-13) 可得

$$\frac{[HB]}{[B^-]} = \frac{A - A_{B^-}}{A_{HB} - A} \tag{4-14}$$

代入式(4-6)，得

$$pK_a = pH + \lg\frac{A - A_{B^-}}{A_{HB} - A} \tag{4-15}$$

由测得溶液的 pH、A_{HB}、A_{B^-} 和 A，就可以计算一元弱酸的解离常数。对于一元弱碱也有类似的算法。

甲基橙为一元弱酸，当甲基橙溶液的 pH 为 3.1～4.4 时，存在如下平衡：

$$HIn = H^+ + In^-$$

保持溶液中甲基橙的分析浓度 c 不变，改变溶液的 pH，测得不同 pH 条件下溶液的吸收曲线。从曲线上查得 A_{HIn}、A_{In^-} 和 A，代入式(4-15) 即可求得 K_a。

【仪器与试剂】

仪器：紫外-可见分光光度计；酸度计；50mL 容量瓶 7 只；5mL、10mL 移液管各 1 支。

试剂：KCl (2.5mol/L)；HCl (2mol/L)；甲基橙溶液 (2×10^{-4}mol/L)。

氯乙酸-氯乙酸钠缓冲溶液：总浓度为 0.50mol/L，pH 分别为 2.7、3.0、3.5；

HAc-NaAc 缓冲溶液：总浓度为 0.50mol/L，pH 分别为 4.0、4.5、6.0。

【实验步骤】

取 7 只 50mL 容量瓶，编号，分别加入甲基橙 5.00mL、KCl 溶液 2.00mL，再依次加入 HCl 溶液、3 种 pH 值不同的氯乙酸-氯乙酸钠缓冲溶液、3 种 pH 值不同的 HAc-NaAc 缓冲溶液各 2.00mL，用水稀释至刻度。摇匀。用 pH 计分别测定各溶液的 pH 值。以水为参比，分别测定各溶液的吸收曲线，求得甲基橙的 pK_a。溶液配制方案如下表所示：

编号	甲基橙溶液/mL	KCl 溶液/mL	HCl 溶液/mL	氯乙酸-氯乙酸钠缓冲溶液		HAc-NaAc 缓冲溶液	
				pH	体积/mL	pH	体积/mL
1	5.00	2.00	2.00	—	—	—	—
2	5.00	2.00	—	2.7	2.00	—	—
3	5.00	2.00	—	3.0	2.00	—	—
4	5.00	2.00	—	3.5	2.00	—	—
5	5.00	2.00	—	—	—	4.0	2.00
6	5.00	2.00	—	—	—	4.5	2.00
7	5.00	2.00	—	—	—	6.0	2.00

【数据记录与处理】

将测得的各溶液的 pH 值以及在 λ_{HIn} 和 λ_{In^-} 处的 A 值填入下表中：

编号	pH	$A(\lambda_{HIn})$	$A(\lambda_{In^-})$
1			
2			
3			
4			
5			
6			
7			

分别用在 λ_{HIn} 和 λ_{In^-} 处测得的吸光度值和酸度计测出的各溶液的 pH 值计算甲基橙的解离常数 K_a，并将所得的 K_a 值与标准值相比较。

【注意事项】

1. 各溶液的 pH 测定尽可能准确。
2. 各容量瓶中甲基橙的含量尽可能相同。

【思考题】

1. 在不同 pH 条件下各溶液的吸收曲线如何变化？
2. 为什么在实验中甲基橙的浓度要保持一致？

实验 13　高锰酸钾和重铬酸钾混合物各组分含量的测定（设计实验）

【实验目的】

1. 掌握紫外-可见分光光度计的使用方法。

2. 熟悉测绘吸收曲线的一般方法。

3. 学会用解联立方程组的方法，定量测量吸收曲线互相重叠的二元混合组分。

【实验提示】

1. 高锰酸钾和重铬酸钾溶液的吸收如何？

2. 何为吸光度的加和性？

3. 如何利用吸光度的加和性定量测量高锰酸钾和重铬酸钾溶液中每种组分的含量？

【设计实验方案】

1. 如何利用吸光度的加和性定量测量高锰酸钾和重铬酸钾溶液中每种组分的含量？

2. 方法原理是什么？

3. 定性和定量方法各是什么？

4. 用到的仪器、试剂有哪些？

5. 如何设计实验步骤？

6. 如何处理数据？

7. 注意事项有哪些？

4.5 拓展内容

紫外-可见分光光度计的特点

分光光度法对于分析人员来说，可以说是最常用和最有效的工具之一，几乎每一个分析实验室都离不开紫外-可见分光光度计。分光光度法具有以下主要特点：

① 灵敏度高　新的显色剂的大量合成，并在应用研究方面取得了可喜的进展，使得对元素测定的灵敏度有所推进，特别是有关多元配合物和各种表面活性剂的应用研究，使许多元素的摩尔吸光系数由原来的几万提高到数十万。

② 选择性好　目前有些元素只要控制适当的显色条件就可直接利用光度法测定，如钴、铀、镍、铜、银、铁等元素的测定，已有比较满意的方法了。

③ 准确度高　对于一般的分光光度法，其浓度测量的相对误差在1%～3%范围内，如采用示差分光光度法进行测量，则误差可减小到0.2%。

④ 适用浓度范围广　可从常量到痕量。

⑤ 分析成本低，操作简便、快速，应用广泛　由于各种各样的无机物和有机物在紫外可见区都有吸收，因此均可借此法加以测定。到目前为止，几乎化学元素周期表上的所有元素（除少数放射性元素和惰性元素之外）均可采用此法。在国际上发表的有关分析的论文总数中，光度法约占28%，我国约占所发表论文总数的33%。

第5章 红外光谱法

5.1 红外光谱法的基本原理

红外吸收光谱（infrared absorption spectroscopy，IR）简称红外光谱，是物质的分子吸收了红外光后，引起分子振动-转动能级的跃迁而形成的光谱，是有机物结构分析的重要工具之一。红外光谱在化学领域中主要应用于分子结构的基础研究和化学组成的分析。其可根据光谱中吸收峰的位置和形状来推断未知物的结构，依照特征吸收峰的强度来测定混合物中各组分的含量。有机化合物大部分重要基团的振动频率出现在波数 4000～400cm^{-1}的中红外区，通常红外谱图以波长（μm）或波数（cm^{-1}）为横坐标，透过率（$T/\%$）或吸光度 A 为纵坐标记录。图 5-1 为苯酚的红外光谱图。

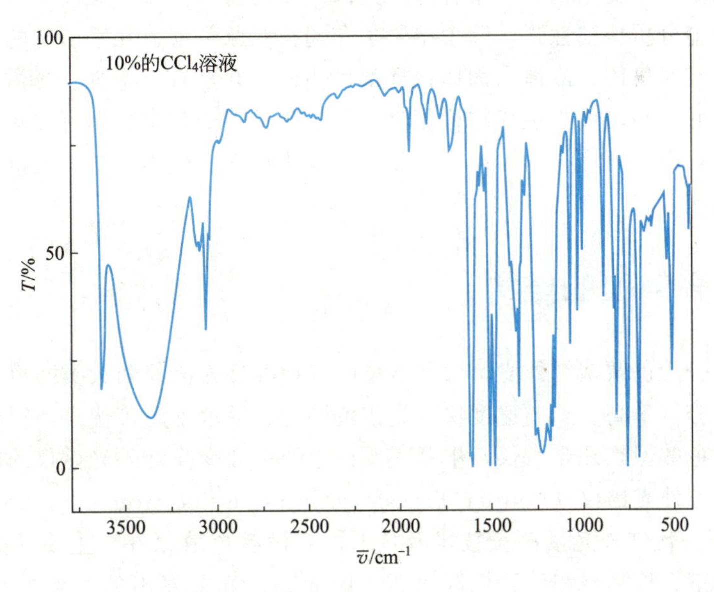

图 5-1　苯酚的红外光谱图

影响振动吸收频率的因素大体有两类：一是外因，在不同条件下测试，因其物理或某些化学状态不同，吸收频率和强度会有不同程度的改变；二是内因，由分子结构所决定。其中常将分子中成键原子的振动近似地当作谐振动处理，采用经典力学模型描述内因所带来的的影响。根据虎克定律，其振动频率 ν 为：

$$\nu=\frac{1}{2\pi}\sqrt{\frac{K}{\mu}} \tag{5-1}$$

式中，K 为化学键力常数，N/cm；μ 为折合质量，g；$\mu=m_1 \cdot m_2/(m_1+m_2)$；$m_1$ 与 m_2 分别代表两个原子的质量，g。

分子振动频率习惯以波数 $\bar{\nu}$ 表示：

$$\bar{\nu}=\frac{1}{2\pi c}\sqrt{\frac{K}{\left(\frac{m_1 m_2}{m_1+m_2}\right)}} \tag{5-2}$$

式中，$c=3\times10^{10}$ cm/s。

由此可知，随着化学键强度的增大，其红外吸收峰向高波数区移动；随着键两端原子折合质量的增大，其红外吸收峰向低波数区移动。实际应用时，为便于对光谱进行解析，常将 $4000\sim400\text{cm}^{-1}$ 这个波数范围划分为四个区，每个区对应一类或几类基团的振动频率：

① $4000\sim2500\text{cm}^{-1}$，X—H 的伸缩振动区（X=O，N，C，S）；

② $2500\sim1900\text{cm}^{-1}$，三键、累积双键的伸缩振动区；

③ $1900\sim1500\text{cm}^{-1}$，双键的伸缩振动以及 H—O、H—N 的弯曲振动区；

④ $1500\sim400\text{cm}^{-1}$，X—Y 的伸缩振动区以及 X—H 的变形振动区。

红外吸收光谱中的波长位置与吸收谱带的强度，可有效地反映分子结构的特点。根据红外吸收光谱的峰位、峰强、峰形和峰的个数，能够初步判断物质中可能存在的某些官能团，进而推断出未知物的可能结构，再结合紫外光谱、质谱以及核磁共振波谱等数据进行综合判断。由于红外光谱分析特征性强，除了单原子和同核双原子外，几乎所有的有机化合物在红外区都有吸收，且对气体、液体、固体试样都可测试，并具有用量少、分析速度快、不破坏试样等特点。因此，它已成为现代结构化学、分析化学中最常用且不可或缺的检测手段，并广泛应用于材料科学、环境科学、高分子化学、催化化学、生物化学、无机和配位化学、石油化工等研究领域。

5.2 红外光谱仪的结构

红外光谱可分为色散型红外光谱仪和傅里叶变换红外光谱仪两大类。目前，傅里叶变换红外光谱仪因其分辨率高、扫描速度快、光谱范围宽、灵敏度高等优点，得到迅速发展和应用，已逐渐取代色散型红外光谱仪，本章主要讨论傅里叶变换红外光谱仪的应用。

傅里叶变换红外光谱仪（Fourier Transform Infrared Spectrometer，FTIR）是 20 世纪 70 年代出现的新一代红外光谱测量技术及仪器。它没有色散原件，主要是由光源、迈克尔逊干涉仪、样品室、检测器和计算机等组成（图 5-2）。光源发出的红外光经干涉仪处理后照射到试样上，透射过试样的光信号被检测器检测到后以干涉信号的形式传送到计算机，由计算机进行傅里叶变换的数字处理后得到试样的红外光谱图。FTIR 的核心部分是迈克尔逊干涉仪，其组成及工作原理如图 5-3 所示。在相互垂直的定镜 M_1 和动镜 M_2 之间放置呈 45° 角的半透膜分束器（BS），可使 50% 的入射光透过，其余部分被反射。当光源发出的入射光进入干涉仪后被 BS 分成两束光——透射光Ⅰ和反射光Ⅱ。其中，透射光Ⅰ穿过 BS 被动镜

M_2反射，沿原路回到BS并被反射到检测器D中；反射光Ⅱ则由定镜M_1沿原路反射回来，通过BS到达D。这样在D上得到的Ⅰ光和Ⅱ光是相干光。如果进入干涉仪的是波长为λ的单色光，开始时因M_1和M_2与BS的距离相等（此时称M_2处于零位），Ⅰ光和Ⅱ光到达D时位相相同，发生相长干涉，亮度最大。当M_2移动入射光波长λ距离时，则Ⅰ光的光程变化为$\lambda/2$，在D上两光相差为180°，则发生相消干涉，亮度最小。因此，当M_2移动$\lambda/4$的奇数倍时，则Ⅰ光和Ⅱ光的光程差为$\lambda/2$的奇数倍，都会发生相消干涉；当M_2移动$\lambda/4$的偶数倍时，则Ⅰ光和Ⅱ光的光程差为$\lambda/2$的偶数倍，都会发生相长干涉，而部分相消干涉则发生在上述两种位移之间，得到一个光强度周期变化的余弦信号。单色光源只产生一种余弦信号，多色光源则产生对应各色光频率不同的余弦信号。这些信号之间相互叠加组合，得到一个迅速衰减的、中央具有极大值的对称形干涉图，经过计算机傅里叶变换处理后得到我们所熟悉的吸光度或透射率随频率或波数变化的红外光谱图。

傅里叶变换红外光谱仪

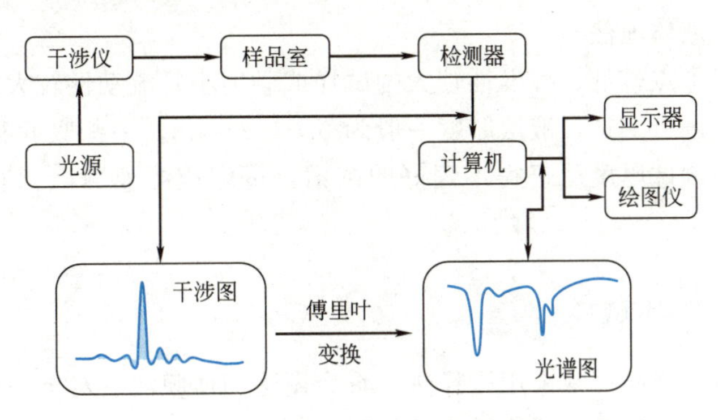

图5-2　FTIR的工作原理简图

迈克尔逊干涉仪

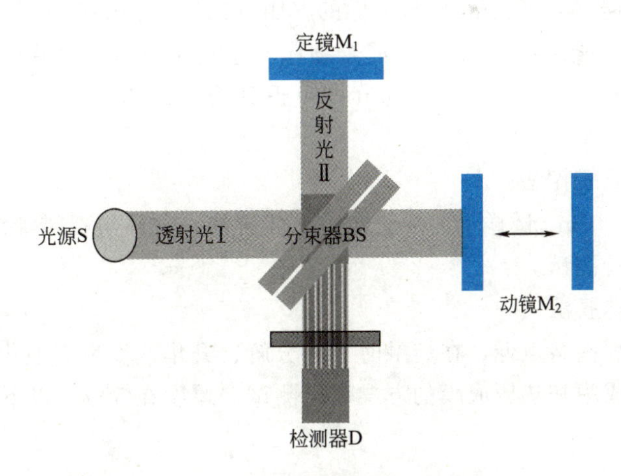

图5-3　迈克尔逊干涉仪工作原理简图

5.3　试样的制备与处理

在红外光谱法中，试样的制备和处理占据着十分重要的地位，很大程度上决定了谱图的质量好坏。一般来说，在制备试样时应注意：a. 试样应是单一组分的纯物质；b. 试样中不应含有游离水；c. 试样的浓度或测试厚度应适宜。试样的制备，根据其物态可选择如下方式进行。

5.3.1 液体试样

液体试样测试常采用液膜法和液体池法两种。

（1）液膜法

对于沸点较高的试样，可直接滴在两片 KBr 盐片之间形成的液膜上进行测试。取两片 KBr 盐片，用丙酮棉花清洗其表面并晾干。在一个盐片上滴 1 滴试样，另一盐片压于其上，装入到可拆式液体样品测试架中进行测定。扫描完毕，取出盐片，用丙酮棉花清洁干净后，放回干燥器内保存。黏度大的试样可直接涂在一个盐片上测定。也可以用 KBr 粉末压制成薄片来替代盐片。

（2）液体池法

对于沸点较低、挥发性较大的试样或黏度小且流动性较大的高沸点试样，可以注入封闭液体池中进行测试，液层厚度一般为 0.01～1mm。一些吸收很强的纯液体试样，如果在减小液体池测试厚度后仍得不到好的图谱，可配成溶液测试。液体池要及时清洗干净，不被污染。

5.3.2 固体试样

固体试样测试常采用压片法、石蜡糊法和薄膜法。对于一些试样也可以将其溶解于适当的溶剂中，然后采用液体池法进行测试。

（1）压片法

取试样（0.5～2mg）与干燥的 KBr（100～200mg）在玛瑙研钵中混合均匀，充分研磨后（使颗粒粒径约 2μm），将混合物均匀地放入固体压片模具的顶模和底模之间，然后把模具放入压片机中，保持 1～2min 即可得到透明或均匀半透明的薄片。取出薄片，装入固体样品测试架中。

（2）石蜡糊法

取 2～10mg 试样于玛瑙研钵中充分研细，试样与石蜡油混合成糊状，夹在两片 KBr 盐片之间进行测试。

（3）薄膜法

对于那些熔点低，在熔融时又不分解、升华或发生其他化学反应的物质，可采用挥发成膜、熔融成膜和热压成膜的方式进行测试。厚度在 50μm 以下的高聚物薄膜可直接进行红外光谱测试。

5.4 红外光谱仪的使用方法

红外光谱仪有多种型号，其具体操作方法不尽相同，下面以北分瑞利 WQF-530 型傅里叶变换红外光谱仪为例介绍其使用方法。

（1）开机、测试、预热

① 接通电源，先后打开红外光谱仪主机及计算机。

② 鼠标双击桌面图标"MainFTOS Suite"。软件启动后，弹出傅里叶变换红外光谱仪专用工作站软件的登录框，在登录窗口中输入用户名和密码。单击登录按钮，进入MainFTOS Suite软件主窗口界面。

③ 点击菜单项"采集"，选择"仪器设置"中的"参数（AQPARM）"命令，程序进入系统参数设置对话框，可设置分辨率、扫描次数、切趾函数、扫描速度等参数。完成后点击"设置"。

④ 点击菜单栏中的"采集"，再点击谱图测试中"背景（TSTB）"，程序进入空气测试采集，光谱显示窗口出现本底光谱。

⑤ 如以上几项均正常，须等仪器预热20min后即可进行试样测试等工作。

（2）采集试样谱图

① 点击菜单栏中的"采集"，再点击"仪器设置"中的"参数（AQPARM）"，出现对话框，扫描速度设为"10"，完成后点击"设置"。

② 点击菜单栏中的"采集"，再点击"谱图采集"中的"背景（AQBK）"，出现采集仪器背景对话框，点击"开始采集"。采集完毕后进行下一个程序（采集的背景一般为：空气谱图、或压片机压成的KBr空白晶片谱图）。

③ 将待测试样或KBr与试样的混合物用压片机压成晶片，放入样品室的样品架上。

④ 采集透射谱图：点击菜单栏"采集"，再点击"谱图采集"中的"透射率（AQSP）"，出现采集透过率光谱对话框。点击"开始采集"。采集完毕后可得到试样的透射率光谱图。

⑤ 采集吸光度谱图：点击菜单栏"采集"，再点击"谱图采集"中的"吸光度（AQSA）"，出现采集吸光度光谱对话框。点击"开始采集"。采集完毕后可得到试样的吸光度光谱图。

（3）试样谱图的打印输出

点击菜单栏中"文件"中的"打印谱图（PRINT）"，可进行谱图打印。

（4）关机操作

使用完毕后，首先点击"停止（STOP）"，再关闭软件，然后关闭仪器，断电将仪器盖好。

5.5 实验内容

实验14 苯甲酸的红外光谱测定

【实验目的】

1. 了解红外光谱仪的工作原理及仪器构造。
2. 掌握红外光谱仪的使用方法和操作流程。
3. 掌握固体试样的溴化钾压片法测试技术。
4. 学习红外光谱谱图解析的基本方法。

【实验原理】

红外光谱是研究分子振动和转动信息的分子光谱。当用一定频率的红外光照射某物质时，若该物质的分子中某基团的振动频率与之相同，则该物质就能吸收此种红外光，使分子由振动基态跃迁到激发态。当用不同频率的红外光通过待测物质时，就会出现强弱不同的吸收现象。不同物相（气态、液态、固态）的制样方法大有不同，制样方法的选择合理性、制样技术的熟练程度将直接影响红外谱图中特征峰的频率、数目和强度。

由于氢键作用，苯甲酸通常以二分子缔合体的形式存在。只有在测定气态试样或非极性溶剂的稀溶液时，才能看到游离态苯甲酸的特征吸收，用固体压片法得到的红外光谱中显示的是苯甲酸二分子缔合体的特征吸收。

【仪器与试剂】

仪器：傅里叶变换红外光谱仪；压片机；玛瑙研钵；红外灯；干燥器。

试剂：KBr（SP）；苯甲酸（AR）；无水乙醇（AR）。

【实验步骤】

1. 准备。按红外光谱仪操作规程开机，运行操作软件，并预热 20min。

2. KBr 晶片制备。取预先在 110℃烘干 48h 以上，并保存在干燥器内的 KBr 150mg 左右，置于洁净的玛瑙研钵中，研磨成粒度约为 2μm 的均匀粉末。将 KBr 粉末转移至压片模具中，铺平模具底部，用压片机用力加压约 30s，放气去压，制成透明晶片，装在样品架上，并保存在干燥器中。

3. 苯甲酸试样薄片制备。另取 150mg 左右 KBr 置于干净的玛瑙研钵中，加入 1～2mg 苯甲酸试样，同上操作研磨均匀、压片并保存在干燥器中。

4. 背景谱图采集。将上面制备的 KBr 晶片固定好后放入样品室，设置背景测试的各项参数后，进行测试，得到背景的扫描谱图。

5. 苯甲酸谱图采集。将苯甲酸试样薄片固定好后装入样品室，设置试样测试的各项参数后，进行测试，得到苯甲酸的红外谱图，处理谱图并保存。

6. 测试结束后，取下样品架以及上面的 KBr 晶片和苯甲酸薄片，将压片模具、样品架等彻底擦洗干净，置于干燥器中保存好。关闭红外光谱仪操作软件，关闭红外光谱仪和电脑主机电源。清理实验台。

【数据记录与处理】

1. 在红外光谱仪自带的谱图库中进行检索，检出相关度较大的已知物的标准谱图，参考标准谱图进行鉴定分析。

2. 对所得红外谱图进行标峰，对照试样结构对 4000～1500cm^{-1}区域的每一个峰进行归属讨论，1500～400cm^{-1}区域选择主要的峰进行归属讨论，数据分析填入下表中。

谱带位置/cm^{-1}	基团的振动形式

【注意事项】

1. KBr 粉末必须干燥，固体试样的研磨应在红外灯下进行，并置于干燥器中，防止吸水变潮。

2. 充分研磨苯甲酸和 KBr 粉末，使颗粒粒径达到 2μm 左右。

3. KBr 和试样的质量比应在（100～200）∶1 之间，物料必须磨细并混合均匀。

4. 制得的薄片必须无裂痕，并尽可能完全透明。

【思考题】

1. 为什么进行红外吸收光谱测试时要做背景扣除？

2. 研磨试样时不在红外灯下操作，红外谱图会有何差异？

3. 红外光谱中，影响羰基峰位移的因素主要有哪些？各因素对羰基的吸收峰位移产生怎样的影响？

4. 测定苯甲酸的红外光谱时，还可以采用哪些制样方法？

实验 15　液态有机化合物的红外光谱测定

【实验目的】

1. 了解红外光谱与有机化合物结构的关系。

2. 掌握液体试样的液膜法测试技术。

3. 进一步熟悉红外光谱仪的使用。

【实验原理】

液态试样可分为液体试样和溶液试样两种。液体试样一般尽量不用溶液状态来测定，以免带入溶剂的吸收干扰。只有试样的吸收很强，无法用液膜法制备成很薄的吸收层时，或者是为了避免试样分子之间相互缔合的影响，才采用溶液测试。液膜法又称夹片法，是液态试样制样中应用最广的一种方法，可有效测定挥发性小、黏度低而吸收较强的液体试样。

醛和酮在 1850～1650cm^{-1} 范围内出现强吸收峰，这是 C═O 的伸缩振动吸收带。其位置相对固定且强度大，很容易识别。饱和脂肪酮在 1715cm^{-1} 左右有吸收，双键与羰基的共轭效应会降低 C═O 的吸收频率，酮与溶剂之间的氢键也会降低羰基的吸收频率。脂肪醛比相应的酮羰基在稍高的频率处出峰：1740～1720cm^{-1}。在 2870～2720cm^{-1} 范围内，还会出现醛基中 C—H 伸缩振动和 C—H 弯曲振动的倍频之间费米共振所产生的双谱带，这是醛基的特征吸收谱带。

【仪器与试剂】

仪器：傅里叶变换红外光谱仪；可拆式液体池架；玛瑙研钵；红外灯；滴管。

试剂：苯甲醛（AR）；苯乙酮（AR）；KBr（SP）；丙酮（AR）；无水乙醇（AR）。

【实验步骤】

1. 开启仪器主机，打开软件自检并进行预热。

2. 在一个 KBr 晶片上滴 1～2 滴苯甲醛，另一晶片压于其上，装入到可拆式液体池架中，然后将液体池架插入到红外光谱仪的试样安放处进行测定，即得苯甲醛的红外光谱。

用同样的方法测得苯乙酮的红外光谱。

3. 对所得谱图进行标峰处理，并进行试样光谱图检索，处理谱图并保存。

4. 扫描完毕，取出晶片，用丙酮脱脂棉清洁干净后，放回干燥器内保存。按操作步骤关闭仪器并清理实验台。

【数据记录与处理】

1. 指出苯甲醛和苯乙酮试样谱图中各峰的归属，数据分析填入下表中。

苯甲醛		苯乙酮	
谱带位置/cm^{-1}	基团的振动形式	谱带位置/cm^{-1}	基团的振动形式

2. 对所测谱图进行基线校正及适当平滑处理。

【注意事项】

1. 可拆式液体池的晶片应保持干燥透明，切不可用手触摸晶片表面。每次测定完清洁后，应在红外灯下烘干并置于干燥器中备用。晶片不能用水冲洗。

2. 含水试样或水溶液试样，绝不能使用 KBr（或 NaCl）晶片。

3. 对于黏度大、不易挥发的液体试样，可直接涂在一个空白晶片上进行测试。

【思考题】

1. 红外光谱法对盐的品种有何要求？为什么？

2. 如何用红外光谱鉴定和区别芳香醛和芳香酮？

实验 16 聚合物的红外光谱测定

【实验目的】

1. 了解聚合物红外光谱图的特征。

2. 掌握红外光谱测试中薄膜的制备方法。

3. 掌握聚乙烯和聚苯乙烯红外光谱的测定方法。

【实验原理】

高分子化合物的红外光谱测试，常通过将试样制成薄膜来进行检测。聚乙烯（PE）和聚苯乙烯（PS）等高分子化合物可在软化状态下受压进行模塑加工，在冷却至软化点以下后能保持模具形状，在没有热压模具的情况下，薄膜可在金属、塑料或其他材料平板之间压制。

聚乙烯几乎完全由亚甲基基团组成，因此红外光谱图中仅存在亚甲基的伸缩振动和弯曲振动吸收峰。在 2920cm^{-1} 和 2850cm^{-1} 处是亚甲基伸缩振动吸收峰；在 1464cm^{-1} 和 719cm^{-1} 处是亚甲基弯曲振动吸收峰。当亚甲基链的一端连接一个苯环形成聚苯乙烯时，红外谱图上就会同时出现亚甲基和单取代苯环吸收峰。聚苯乙烯在 2923cm^{-1} 和 2850cm^{-1} 处的吸收峰，归属为亚甲基的伸缩振动吸收峰；苯环不同平面上的 C—H 键弯曲振动在

697cm^{-1}和756cm^{-1}处出现强吸收峰；在1601cm^{-1}、1583cm^{-1}、1493cm^{-1}和1452cm^{-1}处是苯环的骨架振动特征吸收峰。

【仪器与试剂】

仪器：傅里叶变换红外光谱仪；薄膜夹；红外灯；酒精灯；刀片；滴管。

试剂：聚乙烯（AR）；聚苯乙烯（AR）；氯仿（AR）。

【实验步骤】

1. 将聚乙烯树脂颗粒投入试管内，在酒精灯上加热软化，立即用刀片将软化的聚乙烯刮到聚四氟乙烯平板上，同时摊成薄膜。将聚四氟乙烯平板置于酒精灯上方适宜的高度，加热至聚乙烯薄膜重新软化后，离开热源，立即盖上另一聚四氟乙烯平板，压制成薄膜。待冷却后，用镊子取下薄膜并放在薄膜夹上，然后放入红外光谱仪的试样安放处进行测定。

2. 配制浓度为12%的聚苯乙烯的氯仿溶液，用滴管吸取溶液滴在干净的玻璃板上，立即用两端缠有细钢丝的玻璃棒将溶液摊平，自然干燥。然后将玻璃板浸入蒸馏水中，用镊子小心揭下薄膜，再用滤纸吸取薄膜上的水，将薄膜置于红外灯下烘干。将聚苯乙烯薄膜放在薄膜夹上，放入红外光谱仪的试样安放处进行测定。

3. 对所得谱图进行标峰处理，并进行试样光谱图检索，处理谱图并保存。

4. 扫描完毕，取出薄膜夹，按操作步骤关闭仪器并清理实验台。

【数据记录与处理】

指出聚乙烯和聚苯乙烯样品图谱中各峰的归属，数据分析填入下表中。

聚乙烯		聚苯乙烯	
谱带位置/cm^{-1}	基团的振动形式	谱带位置/cm^{-1}	基团的振动形式

【注意事项】

1. 对于聚合物薄膜，膜的厚度通常在0.15mm左右。

2. 对聚四氟乙烯平板加热时，温度不宜过高，否则聚四氟乙烯平板会软化变形。

3. 玻璃平板和聚四氟乙烯平板一定要平滑、干净。

【思考题】

1. 聚乙烯薄膜的制备是否可采取其他方法？

2. 试述用红外光谱法鉴别聚合物的优点。

实验17 正己醇-环己烷溶液中正己醇含量的测定

【实验目的】

1. 了解红外吸收光谱定量分析的基本原理和操作过程。

2. 掌握不同浓度溶液的配制、试样含量的计算方法。

3. 进一步熟悉液体试样的液膜法测试技术。

4. 掌握相对校正因子的测定方法。

【实验原理】

红外光谱定量分析的原理和紫外-可见光谱一样，都是基于朗伯-比尔定律根据物质组分的吸收峰强度来进行的。各种气态、液态和固态物质，均可用红外光谱进行定量分析。但在测量时，由于样品池窗片对辐射的发射和吸收，试样对光的散射引起辐射损失，仪器的杂射辐射和试样的不均匀性等都将造成吸光度同浓度之间的非线性关系而偏离朗伯-比尔定律。所以在定量分析中，吸光度值要用工作曲线的方法来获得。另外，还必须采用基线法求得试样的吸光度值，才能保证相对误差较小。

【仪器与试剂】

仪器：傅里叶变换红外光谱仪；样品架；可拆式液体池架；注射器。

试剂：正己醇（AR）；环己烷（AR）；四氯化碳（AR）。

【实验步骤】

1. 测定液体池的厚度，以厚度较小的作为参比池，厚度较大的作为样品池。

2. 工作曲线的绘制：分别取标准溶液（质量分数为20%）1mL、2mL、3mL、4mL、5mL放到10mL容量瓶中，用四氯化碳溶剂稀释到刻度，采用液膜法测定每一个试样的红外光谱图并绘制工作曲线。

3. 测定混合试样的红外谱图。

4. 对所得谱图进行标峰处理并保存。

5. 扫描完毕，取出液体池架，按操作步骤关闭仪器和电脑主机并清理实验台。

【数据记录与处理】

1. 绘制工作曲线，并将混合物试样谱图中试样峰高值通过工作曲线转换为试样在溶液中的实际浓度。

2. 测量混合物谱图的峰高值并计算正己醇的含量，数据分析填入下表中。

峰高值	对应的正己醇含量

【注意事项】

1. 常温下溶剂对试样要有足够的溶解度，对试样应为化学惰性。

2. 在试样的主要吸收带区域该溶剂应无吸收，或仅有弱吸收。

3. 工作曲线必须在严格相同的条件下进行测定。

【思考题】

1. 标准曲线的相关系数与哪些因素有关？

2. 定量分析特征吸收峰的选取有哪些要求？

3. 红外光谱测定时如需配成溶液，对所选溶液有哪些要求？为什么？

实验 18 未知有机化合物的红外光谱测定

【实验目的】

1. 进一步练习红外光谱仪的使用方法。
2. 熟练掌握各类常规试样的制样方法。
3. 熟练掌握利用红外光谱对有机化合物结构进行定性鉴定的方法。

【实验原理】

同其他光谱一样，红外光谱对有机化合物的定性分析具有鲜明的特征性。红外光谱定性分析的依据主要是：若两种物质在相同测定条件下得到的红外谱图完全相同，则两种物质应为同一种化合物。据此，可以将测试所得未知物的红外谱图与仪器计算机所储存的谱图库中的标准红外谱图进行检索、比对，就可以像辨别人类的指纹一样，进而确定未知物结构或推断可能存在的官能团。

对于复杂化合物，还可结合化合物的物理性质、紫外光谱、核磁共振波谱、质谱等来进行进一步的“确诊”，从而确定该化合物的结构。

【仪器与试剂】

仪器：傅里叶变换红外光谱仪；压片机；样品架；可拆式液体池架；玛瑙研钵；红外灯；干燥器；滴管。

试剂：KBr（SP）；苯甲酸（AR）；邻苯二甲酸（AR）；丙酮（AR）；苯丙酮（AR）；无水乙醇（AR）；聚丙烯（AR）；聚氯乙烯（AR）。

【实验步骤】

根据老师提供的未知物的物性状态、确定试样的制样方法并测定其红外光谱。

【数据记录与处理】

根据红外谱图上的强峰位置，进行谱图解析，并给出可能的化合物结构。

【注意事项】

1. 试样的制样方法可根据试样的状态而定，对于固体粉末试样，通常采用压片法，个别采用石蜡糊法；对于液体样品，不易挥发、黏度大的，可用液膜法直接涂在空白晶片上绘制谱图；易挥发的可采用夹片法，把液体试样适量地均匀地涂在两个 KBr 晶片之间，再将两个 KBr 晶片放于支架中绘制谱图。
2. 进行谱图解析时，应首先选取强峰进行分析鉴定。
3. 通过系统自带谱图库对红外谱图进行检索、比对，可有效辅助定性鉴定。

【思考题】

1. 简要叙述应用红外光谱进行定性分析的过程。
2. 醇类、羧酸和酯类化合物的红外谱图有何区别？

5.6 拓展内容

傅里叶变换衰减全反射红外光谱

衰减全反射（attenuated total reflection，ATR）光谱又称内反射光谱。当光源发出的红外光经过折射率不同的两种光学介质的分界面时，部分光经过折射率大的晶体再投射到折射率小的试样表面上，当入射角大于临界角时，入射光线就会产生全反射。若反射光波的能量等于入射光波的能量，称为无损全反射。但事实上红外光并不是全部被反射回来，而是穿透到试样表面内一定深度（一般为几百纳米到几微米之间）后再返回表面。在该过程中，若反射光波的能量被部分吸收，则导致全反射光波能量的衰减，称为衰减全反射。

衰减全反射光谱已成为研究各类试样表面结构的有力手段，衰减全反射附件也成为傅里叶变换红外光谱仪的常规附件。傅里叶变换衰减全反射红外光谱（ATR-FTIR）适用于固体和液体的测试，对试样的大小、形状、含水量没有特殊要求；可以实现原位测试和实时跟踪；检验灵敏度高；安装简便。因此在高分子材料、化工、能源、医药、纺织印染和环境检测等领域已得到广泛应用。

第6章 分子荧光光谱法

6.1 分子荧光光谱法的基本原理

6.1.1 荧光的产生

当一定波长的光束照到某些物质上时，这些物质会发射不同颜色及不同强度的光，而当光束停止照射时，该物质发射的光也随即消失，这种发射出的光线称为荧光，荧光是一种光致发光现象。

物质在吸收入射光的过程中，光子的能量传递给物质分子，发生了电子从低能级到高能级之间的跃迁，这一跃迁过程持续的时间约为 10^{-15}s。跃迁所涉及的两个能级间的能量差，等于所吸收的光子能量。当物质吸收紫外光或者可见光时，由于光子能量较高，能够引起物质分子中的电子跃迁而处于激发态，此时的分子称为电子激发态分子。

电子激发态分子的多重态用 $2s+1$ 表示，s 为电子自旋角动量量子数的代数和，其数值为 0 或 1。分子中同一轨道中的两个电子必须具有相反的自旋方向，即自旋配对。假如分子中的全部电子都是自旋配对的，即 $s=0$，则该分子处于单重态（或称为单线态），用符号 S 表示。大多数有机物分子的基态是处于单重态的。如果分子吸收能量后电子在跃迁过程中不发生自旋方向的变化，这时分子处于激发的单重态；如果电子在跃迁过程中还伴随着自旋方向的改变，这时分子便具有两个自旋不配对的电子，即 $s=1$，此时分子处于激发的三重态（或称为三线态），用符号 T 表示。因此，符号 S_0、S_1 和 S_2 分别表示分子的基态、第一和第二电子激发单重态，T_1 和 T_2 分别表示第一和第二电子激发三重态。

处于激发态的分子不稳定，可以通过辐射跃迁和非辐射跃迁返回基态。辐射跃迁过程伴随着光子的发射，即产生荧光或磷光，其中从第一激发单重态 S_1 的最低振动能级返回基态的过程发射荧光，从第一激发三重态 T_1 的最低振动能级返回基态的过程发射磷光。非辐射跃迁过程主要包括振动弛豫（VR）、内转换（IC）和系间窜越（ISC），这些衰变过程导致激发态能量转换为热能并传递给介质。振动弛豫是指分子将多余的振动能量传递给介质而衰变到同一电子态的最低振动能级的过程；内转换是指相同多重态的两个电子态间的非辐射跃迁过程（例如 S_1 到 S_0，T_2 到 T_1）；系间窜越则指不同多重态的两个电子态间的非辐射跃迁过程（例如 S_1 到 T_1，T_1 到 S_0）。图 6-1 为分子内发生的激发过程和辐射与非辐射跃迁衰变过程示意图。

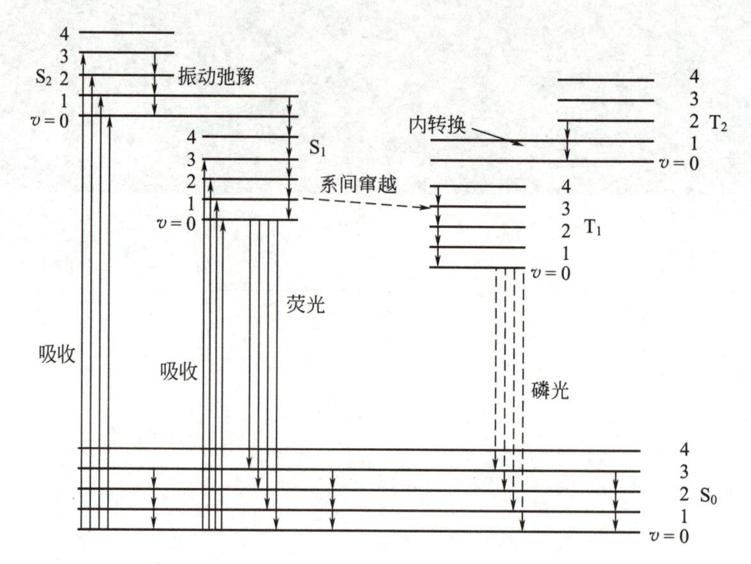

图 6-1 分子内发生的激发过程和辐射与非辐射跃迁衰变过程示意图

6.1.2 荧光分析的依据

(1) 定性分析

由于分子对光的选择性吸收，不同波长的入射光便具有不同的激发效率。如果固定荧光的发射波长（即测定波长）而不断改变激发光（即入射光）的波长，并记录相应的荧光强度，所得到的荧光强度与激发波长的谱图称为荧光的激发光谱（简称激发光谱）。如果使激发光的波长和强度保持不变，而不断改变荧光的发射波长并记录相应的荧光强度，所得到的荧光强度与发射波长的谱图则为荧光的发射光谱（简称发射光谱）。激发光谱反映了在某一固定的发射波长下所测量的荧光强度对激发波长的依赖关系；发射光谱反映了在某一固定的激发波长下所测量的荧光强度对发射波长的依赖关系。由激发光谱可以确定最大激发波长，由发射光谱可以确定最大发射波长。

激发光谱和发射光谱可用于定性鉴别荧光物质，并作为进行荧光测定时选择合适的激发波长和发射波长的依据。

(2) 定量分析

既然荧光是物质在吸光之后所发出的辐射，因而溶液的荧光强度（I_f）应与该溶液吸收的光强度（I_a）及该物质的荧光量子产率（φ）有关，即

$$I_f=\varphi I_a \tag{6-1}$$

吸收的光强度（I_a）等于入射光强度（I_0）减去透射光强度（I_t），于是

$$I_f=\varphi(I_0-I_t)=\varphi I_0(1-I_t/I_0) \tag{6-2}$$

由朗伯-比尔定律可知，$I_t/I_0=e^{-abc}$，因此

$$I_f=\varphi I_0(1-e^{-abc}) \tag{6-3}$$

而 e^{-abc} 可以表示为

$$e^{-abc}=1-abc+(abc)^2/2!-(abc)^3/3!+(abc)^4/4!+\cdots \tag{6-4}$$

当 abc 非常小（$\ll 0.05$）时，$e^{-abc}\approx 1-abc$，代入式(6-3) 后得

$$I_f = \varphi I_0 abc \quad (6\text{-}5)$$

当用摩尔吸光系数 ε 代替 a 时

$$I_f = 2.303\varphi I_0 \varepsilon bc \quad (6\text{-}6)$$

由式(6-6) 可知，对于某种荧光物质的稀溶液，在一定频率及强度的激发光照射下，当溶液的浓度足够小，使得对激发光的吸光度很低（$abc \ll 0.05$）时，所测溶液的荧光强度与该荧光物质的浓度成正比，即

$$I_f = kc \quad (6\text{-}7)$$

式(6-7) 是荧光分析定量的基础。

6.1.3 荧光分析法的特点

近年来，荧光分析法发展迅速、应用广泛的原因之一就是具有很高的灵敏度。例如在微量物质的分析方法中，应用最为普遍的有比色法和分光光度法，而荧光分析法与这两种方法相比，灵敏度可高 2～3 个数量级。荧光分析的灵敏度通常可达亿分之几。目前，在与毛细管电泳分离技术结合、采用激光诱导荧光检测法时，已能接近或达到单分子检测的水平。

荧光分析的另一个优点是选择性高，这主要是对有机化合物的分析而言。由于内在本质的差别，能够吸光的物质不一定都会发荧光，且发荧光的物质相互之间在激发波长和发射波长等方面可能有所差异，因而通过选择适当的激发波长和发射波长，便可达到选择性测定的目的。此外，由于荧光的特性参数较多，除荧光量子产率、激发波长与发射波长之外，还有荧光寿命、荧光偏振等。因此，还可以通过采用同步扫描、导数光谱、三维光谱、时间分辨和相分辨等一些荧光测定的新技术，来进一步提高测定的选择性。除了灵敏度和选择性以外，荧光分析法还具有动态线性范围宽、方法简便、重现性好、试样用量少、仪器设备操作简便等优点。

当然，荧光分析法也有其不足之处。由于很多物质本身不发荧光，不能直接进行荧光测定，从而限制了荧光分析应用范围的扩展。而且，有些荧光试剂容易受到温度、pH 值等的影响，因此，对于荧光的产生与化合物结构的关系还需要进行更深入的研究，以便合成更多的灵敏度高、选择性好的新荧光试剂，使荧光分析的应用范围进一步扩大。此外，大型的荧光光谱仪器设备昂贵，维修和维护等费用成本较高，在一定程度上也束缚了该方法的普适性。

6.2 荧光分析仪的结构

荧光分析仪主要由光源（激发光源）、单色器、样品池、检测器和信号记录显示系统组成。与其他光谱分析仪器有所差别的是，荧光分析仪需要两个独立的波长选择系统，一个为激发单色器，可以对光源进行分光，选择激发波长；另一个用来选择发射波长，或扫描测定各发射波长下的荧光强度以获得试样的发射光谱。此外，检测器与光源成直角。其结构示意图如图 6-2 所示。

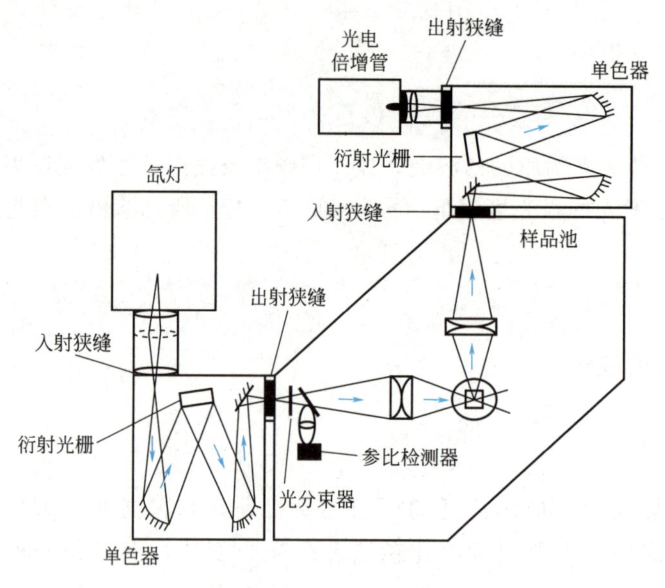

图 6-2 荧光分析仪的结构示意图

荧光分析仪

(1) 光源

荧光分析仪的光源应具有强度大、稳定性好、适用波长范围宽（在紫外光和可见光区内有连续光谱）等特点，因为光源的强度和稳定性将会直接影响测定的灵敏度和精确度。常用的光源主要有高压汞灯、氙弧灯、卤钨灯。高压汞灯常用在荧光计中，发光强度大且稳定，荧光分析中常用 365nm、405nm、436nm 三条谱线，但不是连续光谱。高压氙弧灯发射光强度大，能在 250～800nm 波长范围内的紫外光、可见光区给出比较好的连续光谱，是荧光分析仪中应用最为广泛的一种光源。卤钨灯是填充气体内含有部分卤族元素或卤化物的充气白炽灯。除此之外，高功率连续可调的染料激光光源也是一种单色性好、强度大的新型光源，脉冲激光的光照时间短还可避免被照物质分解，但因其设备复杂，应用并不广泛。

(2) 单色器

单色器主要分为光栅单色器和滤光片，大部分荧光分光光度计采用光栅作为单色器。荧光分光光度计具有两个单色器：激发单色器和发射单色器。

(3) 样品池

样品池需采用弱荧光材料，通常为石英材料的方形池，四面透光。部分型号的荧光分光光度计具有恒温装置。测定低温荧光时，在石英池外套上一个盛有液氮的石英真空瓶，以降低温度。将试样装在石英池中放入池架时，需用手拿棱的部位并规定同一个插放方向，避免池面被污染或破坏。

(4) 检测器

荧光的强度有时较弱，需要灵敏度较高的检测器，主要包括光电倍增管、光导摄像管、电子微分器和电荷耦合器件阵列检测器。荧光分光光度计多采用光电倍增管作为检测器。

(5) 信号记录显示系统

目前，性能较好的荧光分光光度计多采用计算机进行主机控制、信号记录处理和输出。

6.3 荧光分析仪的使用方法

图 6-3 是 F-180 通用型荧光光度计，其基本参数和操作规程如下。

图 6-3　F-180 荧光分光光度计

6.3.1 基本性能参数

光源：150W 高强度长寿命高压氙灯（进口光源，自动除臭氧）；

单色器：激发单色器和发射单色器；

色散元件：凹面全息光栅，1200L/mm；

闪耀波长：激发 300nm、发射 400nm；

波长范围：E_X　标配 365nm，200～800nm 可选；E_M　200～900nm；

灵敏度：大于 150∶1（P-P，水的拉曼峰）；

波长准确性：±1.0nm；

波长重复性：≤0.5nm；

扫描速度：30nm/min、60nm/min、240nm/min、1200nm/min、2400nm/min、12000nm/min、30000nm/min；

光谱带宽：E_X　10.0nm；E_M　10.0nm；

响应时间：0.004～8s（8 挡可调）；

光度范围：－9999～9999；

最小样品量：0.5mL（10mm 标准比色皿）。

6.3.2 基本操作规程

（1）开机

① 开启装有荧光分析软件的计算机。

② 将荧光分光光度计开关（仪器主机左侧面板下方的黑色按钮）按向“ON”，打开荧光分光光度计电源。同时，观察到主机正面面板右侧的氙灯指示灯和运行指示灯依次亮起，均显示绿色。

③ 30s 后打开荧光分析软件。有两种方法，分别为：“开始”—“程序”—“F180”；双击桌面图标打开软件。主机自行初始化，自动进入扫描界面。

④ 初始化结束后，须预热 15～20min，按界面提示选择操作方式。

（2）样品测定

① 在测定之前要设定分析条件。有两种方法进行分析条件设置。从“工具”菜单中，选择“配置”命令；点击“测量方法”按钮，将显示一个对话框。共三种类型的分析条件：波长扫描、时间扫描和定量分析，一般选择定量分析。

② 当选择基本设置标签时，将显示一个窗口，按照实验需要进行设置。

③ 建立标准曲线：

a. 输入标准样品浓度值。打开样品表窗口，如样品浓度值不合适，双击鼠标左键更改。

b. 测量标准样品荧光值。在样品表窗口样品 1 波长处单击鼠标右键，首先测量空白样品，然后再依次测量标准样品。

c. 显示拟合曲线。测完所有标准样品后，点击右侧工具栏最下方图标，显示拟合曲线、公式及参数。

④ 测量样品。光标移到样品显示区，单击鼠标右键点击“测量”，样品显示区会显示样品的荧光值与浓度。重复以上操作完成所有样品测量。

⑤ 光闸的“开”“关”或“自动”可通过右侧工具栏中间图标进行切换。

⑥ 测量完成，点击“完成”结束本次测量。

（3）关机

① 关闭氙灯。如果在联机状态下，先回到主界面（即扫描界面），点击菜单“工具”—“关闭氙灯”，将提示“确认关闭氙灯吗?”，点击“确定”，将关闭氙灯，点击“取消”，则退出窗口。

② 点击软件的“关闭”按钮，将提示“确定关闭扫描窗口吗?”，点击“是（Y）”，关闭软件；“否（N）”，返回。

③ 关灯后冷却 5min 再关闭荧光分光光度计主机电源。

（4）注意事项

① 注意开机顺序。

② 注意关机顺序。

③ 为了保护光源，请不要立即关闭主机电源，应在关灯 5min 后再进行关闭。

④ 关机后必须等待 30min（让氙灯温度降低）方可重新开机。

⑤ 扫描过程中不可关闭软件。

6.4 实验内容

实验 19 分子荧光光谱法测定奎宁的含量

【实验目的】

1. 了解荧光分光光度计的性能与结构，掌握仪器的基本操作。
2. 学会绘制荧光激发光谱和荧光发射光谱。
3. 学会利用标准曲线法测定奎宁的含量。

【实验原理】

奎宁（quinine），俗称金鸡纳霜，是茜草科植物金鸡纳树及其同属植物树皮中的主要生物碱，也称为金鸡纳碱。奎宁广泛用于医药、饮料和化妆品中，但其具有一定毒性，过量可引起过敏及肠胃功能障碍，对中枢神经也有一定影响，因此很有必要建立检测奎宁含量的方法。奎宁在稀酸溶液中具有强荧光，有250nm和350nm两个激发波长，荧光发射峰在450nm处。在较低浓度时，荧光强度与荧光物质浓度成正比：$I_f=Kc$。采用标准曲线法，将已知量的标准物质和试样同样处理后，配制一系列标准溶液，测定这些溶液的荧光，以荧光强度对标准溶液浓度绘制标准曲线，再根据测得的试样溶液的荧光强度，在标准曲线上求出试样中荧光物质的含量。

【仪器与试剂】

仪器：岛津RF-5301型荧光分光光度计；石英比色皿；容量瓶；吸量管。

试剂：10.00μg/mL奎宁储备液；0.05mol/L H_2SO_4溶液；未知浓度试样。

【实验步骤】

1. 标准溶液的配制

取6只50.0mL的容量瓶，分别加入10.0μg/mL奎宁标准溶液0.00mL、2.00mL、4.00mL、6.00mL、8.00mL、10.00mL，用0.05mol/L H_2SO_4溶液稀释至刻度，摇匀。

2. 绘制激发光谱和发射光谱（以1.2μg/mL的标样寻找最大λ_{em}和λ_{ex}）

将λ_{ex}固定在350nm，选择合适的实验条件，在400～600nm范围内扫描即得发射光谱，从谱图上找出最大λ_{em}值；将λ_{em}固定在450nm，选择合适的实验条件，在200～400nm范围内扫描即得激发光谱，从谱图上找出最大λ_{ex}值。

3. 标准曲线的绘制

将激发波长λ_{ex}固定在350nm处，发射波长λ_{em}固定在450nm处，在选定条件下，测量系列标准溶液的荧光强度，以荧光强度为纵坐标，标准溶液的浓度为横坐标作图，得到标准溶液的荧光强度标准曲线。

4. 未知试样的测定

取约4mL待测试样，在与标准系列溶液相同的条件下，测量试样的荧光发射强度，扫描三次，根据荧光强度在标准曲线上找出对应的浓度。

【数据记录及处理】

1. 荧光发射光谱和激发光谱的绘制

以1.2μg/mL的标准溶液测定奎宁的发射光谱，固定激发波长为350nm，激发和发射狭缝分别设定为____nm和____nm，发射光谱扫描范围为400～600nm，得到奎宁的发射光谱，从谱图中可以得到其最大发射波长在____nm左右。

固定发射波长为450nm，激发和发射狭缝分别设定为____nm和____nm，激发光谱扫描范围为200～400nm，得到奎宁的激发光谱，从谱图中可以得到奎宁有两个激发波长，分别在____nm和____nm左右。

2. 系列标准溶液荧光强度的测定

固定激发波长为350nm，激发和发射狭缝分别设定为____nm和____nm，测定标准溶液在400～600nm范围内的发射光谱，从中读出450nm处对应的荧光发射强度，每个试样扫描三次，记录结果如表6-1所示。

表 6-1 奎宁标准溶液的荧光强度

试样浓度/(μg/mL)	荧光强度			平均值	平均偏差

以荧光强度为纵坐标，标准溶液的浓度为横坐标作图，得到标准溶液的荧光强度标准曲线，其对应线性关系为：

$$I_f(\mu g/mL)=a+bc$$

其中，$a=$____，$b=$____，$R^2=$____。

3. 未知试样浓度的测定

未知试样浓度的测定结果如表 6-2 所示。

表 6-2 未知试样的浓度测定

试样编号	荧光强度			平均值	平均偏差	对应浓度
1						
2						

【注意事项】

奎宁溶液的配制必须在酸性介质中进行，并避光保存。

【思考题】

1. 能否用 0.05mol/L HCl 溶液来代替 0.05mol/L H_2SO_4溶液？为什么？
2. 为什么测量荧光必须和激发光的方向成直角？
3. 哪些因素可能会对奎宁荧光产生影响？

实验 20 分子荧光光谱法测定药片中乙酰水杨酸和水杨酸的含量

【实验目的】

1. 掌握荧光分光光度分析法的基本原理。
2. 熟悉荧光分光光度计的结构和使用方法。
3. 掌握利用荧光分光光度法测定药物中水杨酸和乙酰水杨酸含量的方法。

【实验原理】

乙酰水杨酸通常称为阿司匹林，其水解能生成水杨酸，而阿司匹林中或多或少也有水杨酸的存在。由于二者都有苯环，具有一定的荧光效率，所以可在以三氯甲烷为溶剂的条件下用分子荧光光谱法测定。在 1%（体积分数，下同）乙酸-氯仿中，由于二者的激发波长和发射波长均不相同，可利用此特点，在其各自的激发波长和发射波长下分别测定。加少量乙酸是为了增强二者的荧光强度。

为了消除药片之间的差异，可取5～10片药片一起研磨成粉末，然后取一定量有代表性的粉末试样（相当于1片的量）进行分析。

【仪器与试剂】

仪器：RF-530IPC荧光分光光度计；电子天平；石英比色皿；容量瓶（50mL、100mL、1000mL）；10mL吸量管；滤纸。

试剂：乙酰水杨酸；水杨酸；乙酸；氯仿；阿司匹林药片。

【实验步骤】

1. 标准溶液的配制

乙酰水杨酸储备液：称取0.4000g乙酰水杨酸溶于1%乙酸-氯仿溶液中，用1%乙酸-氯仿溶液定容于1000mL容量瓶中。

水杨酸储备液：称取0.750g水杨酸溶于1%乙酸-氯仿溶液中，并用1%乙酸-氯仿溶液定容于1000mL容量瓶中。

2. 激发光谱和发射光谱的绘制

将乙酰水杨酸和水杨酸储备液分别稀释100倍（可每次稀释10倍，分两次完成）。用该溶液分别绘制乙酰水杨酸和水杨酸的激发光谱和发射光谱，并分别确定它们的最大激发波长和最大发射波长。

3. 标准曲线的绘制

乙酰水杨酸标准曲线：在5个50mL容量瓶中，用吸量管分别加入4.00μg/mL的乙酰水杨酸溶液2.00mL、4.00mL、6.00mL、8.00mL、10.00mL，用1%乙酸-氯仿溶液稀释至刻度线，摇匀。在选定的激发波长和发射波长下分别测量它们的荧光强度。

水杨酸标准曲线：在5个50mL容量瓶中，用吸量管分别加入7.50μg/mL的水杨酸溶液2.00mL、4.00mL、6.00mL、8.00mL、10.00mL，用1%乙酸-氯仿溶液稀至刻度线，摇匀。在选定的激发波长和发射波长下分别测量它们的荧光强度。

4. 阿司匹林药片中乙酰水杨酸和水杨酸含量的测定

将5片阿司匹林药品称量后研磨成粉末，准确称取0.4000g，用1%乙酸-氯仿溶液溶解，全部转移至100mL容量瓶中，用1%乙酸-氯仿溶液稀释至刻度线。迅速用滤纸过滤，该滤液在与标准溶液相同的条件下测量水杨酸的荧光强度。

将上述滤液稀释1000倍（可每次稀释10倍，分三次稀释完成），在与标准溶液相同的条件下测量乙酰水杨酸的荧光强度。

【数据记录与处理】

1. 从绘制的乙酰水杨酸和水杨酸激发光谱和发射光谱曲线上，确定它们的最大激发波长和最大发射波长。

名称	最大激发波长/nm	最大发射波长/nm
乙酰水杨酸		
水杨酸		

2. 分别绘制乙酰水杨酸和水杨酸标准曲线，并从标准曲线上确定试样溶液中乙酰水杨

酸和水杨酸浓度，计算每片阿司匹林药片中乙酰水杨酸和水杨酸的含量，并将测定值与说明书上的数值进行比较。

乙酰水杨酸浓度/(μg/mL)	荧光强度			平均值	平均偏差

乙酰水杨酸标准曲线为：

水杨酸浓度/(μg/mL)	荧光强度			平均值	平均偏差

水杨酸标准曲线为：

药品试样	荧光强度			平均值	平均偏差
乙酰水杨酸					
水杨酸					

每片阿司匹林药片中乙酰水杨酸和水杨酸含量各为：

【注意事项】

阿司匹林药片溶解后，必须在1h内完成测定，否则乙酰水杨酸的含量将会降低。

【思考题】

1. 绘制乙酰水杨酸和水杨酸的激发光谱和发射光谱曲线，解释这种分析方法可行的原因。

2. 标准曲线是直线吗？若不是，从何处开始弯曲？请解释原因。

实验 21 氨基酸类物质的荧光光谱分析

【实验目的】

1. 掌握荧光分光光度分析法的基本原理。
2. 熟悉荧光分光光度计的结构和使用方法。
3. 掌握利用荧光分光光度法进行氨基酸类物质测定的原理和方法。

【实验原理】

氨基酸是含有氨基和羧基的一类有机化合物的通称，是生物功能大分子蛋白质的基本组成单位。色氨酸（Trp）、酪氨酸（Tyr）和苯丙氨酸（Phe）是天然氨基酸中仅有的能发射荧光的组分，可以利用分子荧光光谱法测定。

【仪器与试剂】

仪器：F-4600 型荧光分光光度计；石英比色皿；10mL 带玻璃塞的比色管；吸量管。

试剂：标准溶液 a（2.0g/L 的苯丙氨酸溶液）；标准溶液 b（0.04g/L 的酪氨酸溶液）；标准溶液 c（0.04g/L 的色氨酸溶液）；酪氨酸待测样。

【实验步骤】

1. 实验试样溶液的配制

① 分别移取标准溶液 a（2.0g/L，0.8mL）、标准溶液 b（0.04g/L，1mL）和标准溶液 c（0.04g/L，0.4mL）于 10mL 比色管中，用去离子水稀释、定容、摇匀，备用。

② 分别移取 0.00mL、0.2mL、0.4mL、0.6mL、0.8mL、1.0mL 标准溶液 b 于 6 只 10mL 比色管中，用去离子水稀释、定容、摇匀，备用。

2. 检测

① 打开荧光分光光度计，检测上述步骤 1 中各溶液的激发光谱和发射光谱，确定各自的最大激发波长和最大发射波长。

② 依据上述步骤中测得的酪氨酸的最大激发波长和最大发射波长，设定定量测量参数，测量系列标准溶液的荧光强度，然后在相同条件下测量酪氨酸待测样的荧光强度，记录数据。

【数据记录与处理】

1. 绘制苯丙氨酸、酪氨酸、色氨酸溶液的激发光谱和发射光谱，确定它们的最大激发波长和最大发射波长。

名称	最大激发波长/nm	最大发射波长/nm
苯丙氨酸		
酪氨酸		
色氨酸		

2. 根据酪氨酸系列标准溶液的荧光强度和浓度，绘制其标准曲线，再由测得的荧光强度，计算酪氨酸待测样的浓度。

酪氨酸标准溶液浓度/(g/L)	荧光强度			平均值	平均偏差

酪氨酸标准曲线为：

待测溶液浓度/(g/L)	荧光强度			平均值	平均偏差
酪氨酸					

待测酪氨酸溶液浓度为：

【注意事项】

配制氨基酸溶液必须使用去离子水，且氨基酸溶液配好后，须尽快完成测定。

【思考题】

1. 影响荧光特性的因素有哪些？请举例说明。
2. 常规的荧光方法能实现混合物中这三种氨基酸的分别测定吗？为什么？

实验 22 维生素 B_2的荧光光度法测定（设计实验）

【实验目的】

1. 掌握荧光分光光度分析法的基本原理。
2. 熟悉荧光分光光度计的结构和使用方法。
3. 掌握利用荧光分光光度法进行维生素 B_2测定的原理和方法。

【实验提示】

1. 维生素 B_2的结构是什么？发光性质如何？
2. 常用的检测维生素 B_2的方法有哪些？原理是什么？
3. 根据现有文献报道还可用哪些方法测定维生素 B_2？

【设计实验方案】

1. 如何利用荧光标准曲线法测定维生素 B_2？
2. 方法原理是什么？
3. 定性和定量的方法各是什么？
4. 用到的仪器、试剂有哪些？
5. 如何设计实验步骤？
6. 如何处理数据？
7. 注意事项有哪些？

6.5 拓展内容

(1) 荧光分析法的发展历程

荧光分析法历史悠久，早在 16 世纪，西班牙内科医生和植物学家 N. Monardes 就发现一种称为“Lignum Nephriticum”的木头切片水溶液呈现出天蓝色，但未能解释这一荧光现象。直到 1852 年 Stokes 在考察奎宁和叶绿素的荧光时，用荧光分光光度计观察到它们能发射出比入射光波长稍长的光，才判定是物质在吸收光能后重新发射的不同波长的光，提出了

“荧光”这一术语，并论述了Stokes位移定律和荧光猝灭现象。19世纪末，人们已经知道了荧光素、曙红、多环芳烃等600多种荧光化合物。近十几年来，激光、微处理机和电子学新成就等科学技术的引入大大推动了荧光分析理论的应用和进步，促进了诸如同步荧光测定、导数荧光测定、时间分辨荧光测定、相分辨荧光测定、荧光偏振测定、荧光免疫测定、低温荧光测定、固体表面荧光测定、荧光反应速率法、三维荧光光谱技术和荧光光纤化学传感器等荧光分析方面的发展，加速了各种新型荧光分析仪器的问世。进一步提高了分析方法的灵敏度、准确性和选择性，解决了生产和科研中的诸多难题。诺贝尔化学奖在2008年和2014年两次颁发给了与荧光相关的领域。其中，2008年，三位科学家因为发现和改造了绿色荧光蛋白（GFP）而获奖，2014年，又有三位科学家因为在超分辨荧光显微技术领域取得的成就而再次获奖。

（2）荧光的影响因素

分子结构和化学环境是影响物质发射荧光以及荧光强度的重要因素。

具有至少一个芳环或多个共轭双键的有机化合物容易产生荧光。稠环化合物也会产生荧光；饱和或只有一个双键的化合物，不呈现显著的荧光；最简单的杂环化合物，如吡啶、呋喃、噻吩和吡咯等，均不产生荧光。

取代基的性质对荧光体的荧光特性和强度均有强烈影响。芳环和杂环化合物的荧光光谱和荧光产率通常会随着取代基的不同而改变。一般来说，给电子基团，如$—NH_2$、$—NHR$、$—NR_2$、$—OH$、$—OR$等使荧光增强；吸电子基团，如$—COOH$、$—NO_2$和重氮类等使荧光减弱；重原子取代，一般指卤素（Cl、Br、I）取代，同样使荧光减弱。取代基的位置对芳烃荧光的影响通常为邻、对位取代基使荧光增强，间位取代基使荧光减弱。

最低的单线态激发态S_1为$\pi \rightarrow \pi^*$型或具有刚性平面结构的分子容易产生荧光。大多数无机盐类金属离子不产生荧光，而某些情况下，金属螯合物却能产生很强的荧光。溶剂的性质、体系的pH值和温度，都会影响荧光的强度。

荧光分子与溶剂或其他分子之间的相互作用，使荧光强度减弱的现象称为荧光猝灭。引起荧光强度降低的物质称为猝灭剂。当荧光物质浓度过大时，会产生自猝灭现象。

第7章 激光拉曼光谱法

7.1 激光拉曼光谱法的基本原理

拉曼光谱是一种以拉曼散射为基础的分子光谱分析方法。当光照射到介质时，除了被介质吸收、反射和透过外，还有一部分被散射。散射过程有两种，弹性散射和非弹性散射。弹性散射的散射光是与激发光波长相同的成分（或称为瑞利散射）。非弹性散射的散射光是指比激发光波长长和短的成分。弹性散射和非弹性散射统称为拉曼散射。拉曼散射光与入射光之间的频率差称为拉曼位移。由于拉曼谱线的数目、位移的大小、谱线的长度直接与试样分子振动或转动能级有关，因此从拉曼光谱中可以得到分子的振动或转动能级结构的相关信息，这是拉曼光谱可以作为分子结构定性分析的理论依据。拉曼光谱通常有如下分析方向：

① 定性分析：不同的物质具有不同的特征光谱，因此可以通过光谱进行定性分析。

② 结构分析：对光谱谱带的分析，又是进行物质结构分析的基础。

③ 定量分析：根据物质对光谱吸光度的特点，可以对物质的量有很好的分析。

拉曼光谱具有以下特点：

① 可以用于固体、液体和气体试样检测。

② 对同一物质，拉曼位移与入射光频率无关。它是表征分子振-转动能级的特征物理量，是定性和结构分析的依据。

③ 拉曼光谱是无损伤的定性、定量分析。如果激光能量太高也可能对试样表面造成轻微的损伤，特别是有机或者生物材料试样。此外试样无需准备，可直接通过光纤探头或者通过玻璃、石英、光纤测量。

④ 拉曼光谱可覆盖 40～4000cm^{-1}的区间，可对有机物及无机物进行分析。由于水的拉曼散射很微弱，因此拉曼光谱是研究水溶液中化学生物试样的理想工具。

⑤ 拉曼激光束的聚焦部位通常只有 0.2～2mm，因此所需试样量较少。

需要注意的是拉曼效应是非常弱的效应，灵敏度不高，对于一些低含量组分的检测非常困难，这种情况需要选择其他增强技术，如表面增强拉曼散射、共振拉曼散射。对于一些可能产生荧光的材料，拉曼效应可能被荧光效应掩盖，应设法消除或者减弱荧光效应的影响，如改变激发光源、加荧光猝灭剂、采用傅里叶变换近红外拉曼散射技术等。

通常将拉曼光谱强度相对波数的函数图称为拉曼光谱图。拉曼光谱图 X 轴的常用单位是相对激发波长偏移的波数，或称为拉曼频移。拉曼光谱图中各拉曼峰的高度、宽度、面积、位置和形状都携带了物质的特征。通过拉曼频移可以确定物质的组成，由峰位变化可以确定分子应力，由峰宽来确定晶体质量，由峰强度确定物质总量。

7.2 激光拉曼光谱仪的结构

不同的激光拉曼光谱仪组成及结构会有些细微的不同，但是一般都是由激光光源、光路系统、样品室、单色器和检测器等组成。激光拉曼光谱仪的光路图如图 7-1 所示。

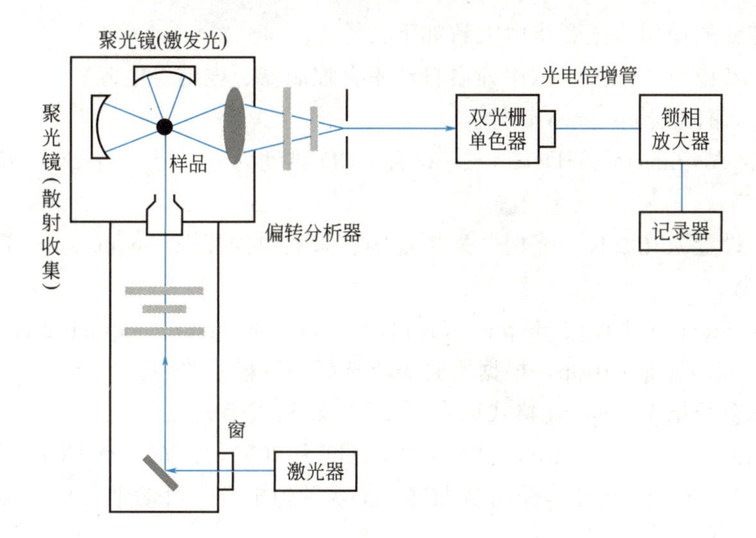

图 7-1 激光拉曼光谱仪的光路图

激光拉曼光谱仪

（1）激光光源

从紫外、可见到近红外波长范围内的激光器都可以用作拉曼光谱分析的激光光源，常用的有波长为 514nm 和 488nm 的氩离子（Ar^{+}）激光器，波长为 531nm 和 647nm 的氪离子（Kr^{+}）激光器，波长为 633nm 的氦-氖（He-Ne）激光器，波长为 1064nm 的钕-钇铝石榴石（Nd-YAG）激光器、波长为 785nm 半导体激光器等。

激光波长的选择对于实验的结果有着重要的影响。拉曼散射强度与激光波长的四次方成反比。因此，蓝/绿可见激光的散射强度比近红外激光要强 15 倍以上，因此实际测试时应尽量选择短波长的激光，这样灵敏度高一些。但是有些化合物最好用红光激光器，因为短波易产生荧光或者分解试样。应指出的是，虽然所采用的激发光源的波长各有不同，但所得到拉曼光谱图的拉曼位移并不因此而改变，只是拉曼光谱图上的光强不同而已。

（2）样品室

为适应固体、液体、气体、薄膜等各种形态的试样，样品室安装有三维可调的平台、可更换的各式样品池和样品架。此外，有的拉曼光谱仪会配有温度控制系统，可用于测定变温拉曼光谱。激光光源强度很高，为防止样品在强光照射下分解，可设置旋转池。

（3）单色器

拉曼光谱仪的单色器需要有高的分辨率和透射率。单色器可以是色散型的，比如棱镜和光栅，也可以是非色散型的，如傅里叶变换型仪器。

（4）检测器

由于拉曼散射光处于可见光区，因此光电倍增管可作为检测元件。近代仪器多采用阵列型多道光电检测器，如电荷耦合阵列检测器（CCD），可以探测紫外、可见和近红外光。它是一种高感光度半导体器件，适合分析微弱的拉曼信号。此外，也有采用电子倍增 CCD（EMCCD）的。EMCCD 是一种特殊的 CCD 探测器，能够用在信号水平特别低的场合以提高光谱质量。

7.3 激光拉曼光谱仪的使用方法

HORIBA 拉曼光谱仪的使用方法和步骤大致如下：

① 开启总电源开关及稳压器开关，依次开启自动平台控制器、电脑等电源。

② 开启激光器开关，打开 LabSpec6 软件。

③ CCD 制冷，点击 Acquisition→Detector，设置 CCD 温度为－60℃。待 CCD 温度稳定后，利用硅片校准光谱仪。

④ 设置实验条件：设置激光波长、光栅、采集范围、采集时间以及 Acquisition 下拉菜单中需要设置的所有参数。

⑤ 选择拍摄模式：Start real time display（RTD），Start spectrum acquisition，Start map acquisition，Start video acquisition，根据实验需求选择四种模式之一。

⑥ 实验结束后，保存结果 LabSpec6 格式以及需要的 txt 格式等。

⑦ 关机：打开 Acquisition→Detector，设置 CCD 温度为 20℃，回车，待 CCD 温度回升到 20℃左右后，关闭 LabSpec6 软件。关闭激光器。依次关掉电脑、自动平台控制器以及稳压器电源和总电源开关等。

7.4 实验内容

实验 23 激光拉曼光谱分析的基本操作练习

【实验目的】

1. 掌握拉曼散射的基本原理和实验方法。
2. 学习拉曼光谱仪的使用方法和操作流程。
3. 测量 CCl_4 分子振动拉曼光谱，分析其拉曼光谱的特点。
4. 测量 CCl_4 分子谱线的去偏振度。

【实验原理】

拉曼光谱除了能提供频率的位移、强度参数外，还能测得一个特殊的参数——去偏振度。测定拉曼光谱时，将激光束射入样品池，一般在与激光束成 90°角处观测散射光。若在样品池和单色狭缝之间放置一起偏振器，由于激光是偏振光，根据起偏振器的安放方向与激光束的偏振方向平行或者垂直，记录的拉曼谱带强度将有差别。当起偏振器垂直于入射光方向时测得散射光强度 $I_\perp$ 与起偏振器平行于入射光方向时测得散射光强度 $I_\parallel$ 的比值定义为去偏振度 ρ：

$$\rho = I_\perp / I_\parallel$$

在入射光为偏振光的情况下，一般分子拉曼光谱的去偏振度介于0与3/4之间。分子的对称性越高，其去偏振度越趋近于0，当测得$\rho \to 3/4$，则为不对称结构。这对于各振动形式的谱带归属、重叠谱带的分离和晶体结构的研究是很有用的。

【仪器与试剂】

仪器：HORIBA LabRAM HR Evolution 拉曼光谱仪。

试剂：CCl_4（AR）。

【实验步骤】

1. 准备样品：用滴管将CCl_4注入药品匙，然后将药品匙放置在样品架上。

2. 选择适当的实验条件，扫描得到CCl_4拉曼光谱图。

3. 测量并记录添加偏振片后CCl_4分子谱线互相垂直的两个方向的光强值并计算拉曼谱线的去偏振度。

【数据记录与处理】

1. CCl_4分子振动拉曼的峰值。

2. CCl_4分子的去偏振度。

【注意事项】

1. 实验室注意清洁卫生，避免尘土。光学零件表面有灰尘，不允许接触擦拭，可用洗耳球小心吹掉。

2. 激光对眼睛有害，不要直视。

【思考题】

1. 拉曼光谱仪有哪些分类，各有什么优点？

2. 拉曼光谱的适用范围？

实验24 表面增强拉曼散射实验

【实验目的】

1. 了解表面增强拉曼散射效应产生的原理。

2. 掌握利用表面增强拉曼散射技术研究材料与物质分子之间相互作用的实验方法。

【实验原理】

当一些分子吸附于或靠近某些金属胶粒或粗糙金属表面时，它们的拉曼散射信号与普通拉曼信号相比将增大$10^4 \sim 10^6$倍，这种拉曼信号强度比其他相分子显著增强的现象称为表面增强拉曼散射（surface enhanced Raman scattering，SERS）效应。表面增强拉曼散射可以克服拉曼信号较弱的缺点，使光谱灵敏度得以提高。表面增强拉曼散射可以用于痕量材料分析、流式细胞术以及其他一些应用，这些是传统拉曼的灵敏度和测量速度不足以完成的。表面增强拉曼散射是一种表面效应，可直接提供吸附于或靠近于材料表面分子的真实结构信息。因此，表面增强拉曼散射可用于考查表面所吸附的分子排列、结构的研究。拉曼增强需要具有纳米尺度的粗糙金属表面作为基底，吸附在这种表面上的分子将会产生拉曼增强。产生表面增强拉曼散射效应的金属中以 Ag 和 Au 的增强效果最佳，可以通过电化学粗糙、纳米结构衬底的金属包覆或者金属粒子的沉积（通常是胶体形式）而制备。表面增强拉曼散射强度随被吸附分子与金属基底表面距离的增大而迅速下降。

【仪器与试剂】

仪器：HORIBA LabRAM HR Evolution 拉曼光谱仪；石英管。

试剂：吡啶（AR）；吡啶溶液（0.01mol/L）；银溶胶。

【实验步骤】

1. 将吡啶（AR）注入石英管中，选择适当的实验条件，扫描得到拉曼光谱图 1。

2. 将 0.01mol/L 吡啶溶液注入石英管中，选择适当的实验条件，扫描得到拉曼光谱图 2。

3. 将 0.01mol/L 吡啶溶液注入石英管中，然后加入少量银溶胶，混合均匀。选择同步骤 2 一样的实验条件，扫描得到拉曼光谱图 3。

【数据记录与处理】

1. 由图 1 确定吡啶分子的各种振动方式。

2. 说明图 2 与图 1 相比，有什么变化。

3. 图 3 与图 2 相比有什么变化，说明原因。确定吡啶分子中哪一个官能团容易吸附于金属银粒子表面，并确定吡啶分子在金属银表面的取向。

【注意事项】

1. 银溶胶应为新配制，且配制溶胶所需玻璃器皿应用王水浸泡并清洗干净。

2. 取放样品管时，动作要稳、轻，以免损坏。

【思考题】

1. 表面增强拉曼散射效应的影响因素有哪些？

2. 表面增强拉曼散射效应的应用有哪些？

实验 25 傅里叶变换激光拉曼光谱测定氨基酸的结构

【实验目的】

1. 了解傅里叶变换激光拉曼光谱法的原理。

2. 了解氨基酸各特征基团的归属。

3. 掌握水对频谱的影响。

【实验原理】

相比于色散型拉曼光谱仪，傅里叶变换激光拉曼光谱仪采用近红外激光为光源，用迈克尔逊双光束干涉仪记录下干涉图，再借助傅里叶余弦变换获得光源的辐射功率分布图。傅里叶变换激光拉曼光谱仪较好地避免了荧光效应，具有分辨率高、重现性好、全波段扫描等优点，因此更适用于有机、高分子、生化、分析化学等研究领域。

不同的分子是由不同的官能团组成的，一定的官能团对应特定的振动频率，同时又受到该官能团周围环境的影响，因此会产生一定的频移。获得拉曼光谱图后，由特定的振动峰找出对应的官能团，可以推测分子的结构与组成。

【仪器与试剂】

仪器：傅里叶变换激光拉曼光谱仪。

试剂：精氨酸、半胱氨酸、赖氨酸，纯度均在99.99%以上；0.5mol/L精氨酸水溶液；0.5mol/L半胱氨酸水溶液；0.5mol/L赖氨酸水溶液。

【实验步骤】

1. 制样：将固体研磨成细的粉末，放在玻璃片上，压紧样品。溶液样品可以装在石英测试池、石英试管或毛细管中进行测试。

2. 选择适当的实验条件，扫描得拉曼光谱图。注意同一种氨基酸的固体与溶液固定相同的测试条件。

【数据记录与处理】

1. 参考标准谱图和特征拉曼频移，对所得谱图上的特征峰进行基团的归属。

2. 对比同一种氨基酸的固体和水溶液的拉曼光谱图中特征峰的异同并说明原因，找出水的特征峰。

【注意事项】

1. 粉末样品必须压紧。

2. 对于同一粉末样品，可以多选几处进行拉曼光谱的测试。

【思考题】

1. 拉曼光谱与红外光谱的原理有何不同？

2. 红外光谱与拉曼光谱的吸收峰是否是一一对应关系？峰的相对强度是否一致？

实验26　激光拉曼光谱检测对乙酰氨基酚

【实验目的】

1. 了解拉曼光谱在分子检测方面的应用，进一步增强对拉曼光谱的认识。

2. 掌握拉曼光谱和红外光谱的原理及各自优势。

【实验原理】

对乙酰氨基酚（paracetamol），别称泰诺林、扑热息痛，是一种解热镇痛药物，其解热作用持久而缓慢，有良好的耐受性。但是，若过量服用则会导致面色苍白、恶心、呕吐、厌食和腹痛等症状，严重者可导致昏迷甚至死亡。因此，判别药物是否含有对乙酰氨基酚可有效警惕患者慎重服药。

拉曼光谱和红外光谱同源于分子振动光谱，区别是前者是散射光谱，后者是吸收光谱。拉曼活性取决于振动中极化率是否发生变化。所谓极化率是指分子在电场作用下分子中电子云变形的难易程度。与红外光谱一样，特定的基团会具有一定的频率范围，因此可以根据基团的频率来推断分子结构。

【仪器与试剂】

仪器：HORIBA LabRAM HR Evolution拉曼光谱仪。

试剂：对乙酰氨基酚。

【实验步骤】

1. 制样：将固体研磨成细的粉末，放在载玻片上，压紧样品。
2. 测定：选择适当的实验条件，扫描得拉曼光谱图。

【数据记录与处理】

参考标准谱图和特征拉曼频移，对所得谱图上的特征峰进行基团的归属。

【注意事项】

样品应充分研磨，保证样品的均匀性。

【思考题】

1. 拿到未知样品，应如何处理？
2. 拉曼光谱信号弱怎么办？
3. 样品表面看不清楚如何处理？

7.5 拓展内容

拉曼光谱的起源

1921 年，拉曼（C. V. Raman）乘坐客轮“纳昆达”号去英国讲学，他对海水的深蓝色着了迷，一心要追究海水颜色的来源，他在甲板上用简便的光学仪器俯身对海面进行观测。他在回程的轮船上写了两篇论文讨论这一现象。拉曼返回印度后，立即开展一系列的实验和理论研究，探索各种透明媒质中光散射的规律。1922 年，拉曼写了《光的分子衍射》一书，书中系统说明了自己的看法。在最后一章中，他提到用量子理论分析散射现象，认为进一步实验有可能鉴别经典电磁理论和光量子。拉曼和他的学生们想了许多办法研究这一现象。与此同时，拉曼也在追寻理论上的解释。1924 年拉曼到美国访问，正值不久前康普顿（A. H. Compton）发现 X 射线散射后波长变长的效应，而怀疑者正在挑起一场争论。拉曼显然从康普顿的发现得到了重要启示，后来他把自己的发现看成是“康普顿效应的光学对应”。

直到 1928 年 2 月 28 日下午，拉曼采用单色光作光源做了一个非常漂亮的有判决意义的实验：他从目测分光镜看散射光，看到在蓝光和绿光的区域里，有两根以上的尖锐亮线。每一条入射谱线都有相应的变散射线。一般情况，变散射线的频率比入射线低，偶尔也观察到比入射线频率高的变散射线，但强度更弱些。不久，人们开始把这种新发现的现象称为拉曼效应。利用拉曼光谱可以把处于红外区的分子能谱转移到可见光区来观测。因此拉曼光谱作为红外光谱的补充，是研究分子结构的有力武器。拉曼也因此获得了 1930 年的诺贝尔物理学奖。

第8章 电位分析法

8.1 电位分析法的基本原理

电位分析法是利用电极电位与原电池电解质溶液中某种组分浓度的关系，通过在零电流条件下测定两电极间的电位差进行分析测定。电极电位 E 与溶液中离子活度之间的关系用能斯特方程表示：

$$E=E^{\ominus}+\frac{RT}{nF}\ln\frac{a_{\mathrm{Ox}}}{a_{\mathrm{Red}}} \tag{8-1}$$

式中，$E^{\ominus}$ 为标准电极电位，V；R 为摩尔气体常数，8.3145J/(mol·K)；T 为绝对温度，K；F 为法拉第常数，96485C/mol；n 为电子转移数；a_{Ox} 为氧化态的活度，mol/L；a_{Red} 为还原态的活度，mol/L。

电位分析法包括直接电位法和电位滴定法。

直接电位法：电极电位与溶液中电化学活性物质的活度有关，通过测量溶液的电动势，根据能斯特方程计算待测物质的含量。这种方法快速灵敏，适用于微量组分测定，主要用于测定某种离子的浓度。

电位滴定法：利用指示电极在滴定过程中电位的变化及化学计量点附近电位的突跃来确定滴定终点的滴定分析方法。不受试液颜色或者浑浊的影响，无需指示剂，应用广泛，适用于常量组分测定，主要用于测定物质的总浓度。

电位分析法具有设备简单、操作方便、分析速度快、选择性好、检测灵敏度高等优点，在环境监测、食品检测、医药卫生等领域得到了广泛应用。

8.2 电位分析仪的结构

在电位分析仪中所用的电池为原电池，它是由两个电极和电解质溶液构成，其中一个电极为指示电极，另一个为参比电极。电位分析装置示意图如图 8-1 所示。

（1）电极

① 参比电极　参比电极的电极电位 E 是稳定的，不受溶剂组成的影响，为测量电位提供参考。一个理想的参比电极应该具备以下条件：a. 能迅速建立热力学平衡电位，这就要求电极反应是可逆的；b. 电极电位稳定，能允许仪器进行测量。常用的参比电极为饱和甘

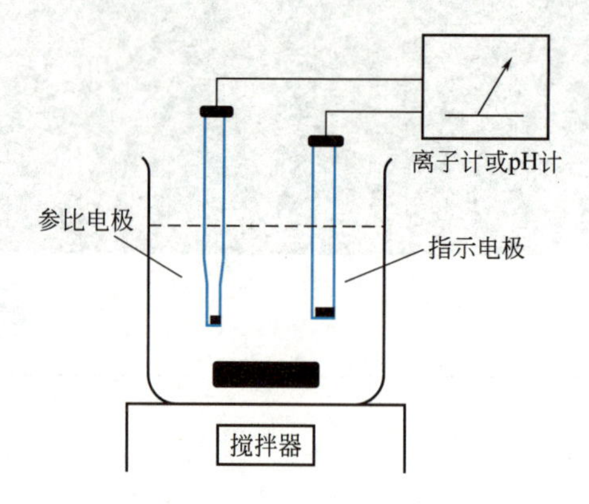

图 8-1 电位分析装置示意图

汞电极（SCE）（图 8-2）和银-氯化银电极（图 8-3）。

饱和甘汞电极的电极电位（25℃）：

$$E_{Hg_2Cl_2/Hg}=E^{\ominus}_{Hg_2Cl_2/Hg}-0.0592\lg a_{Cl^-}$$

银-氯化银电极的电极电位（25℃）：

$$E_{AgCl/Ag}=E^{\ominus}_{AgCl/Ag}-0.0592\lg a_{Cl^-}$$

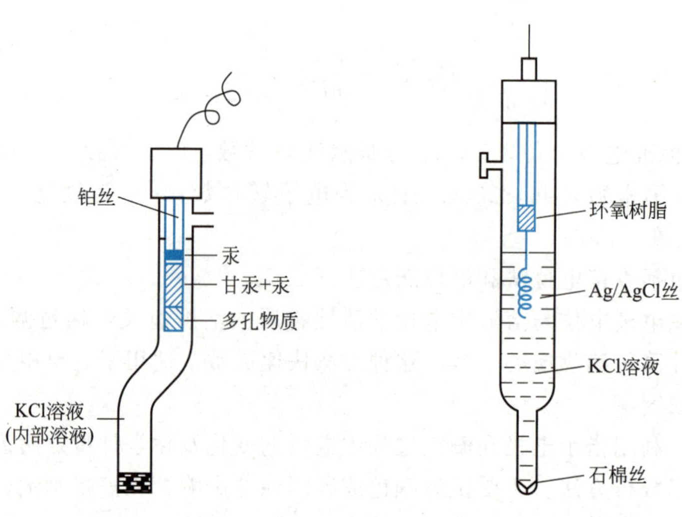

图 8-2 饱和甘汞电极示意图　　图 8-3 银-氯化银电极示意图

② 指示电极　指示电极是电极电位随电解质溶液的浓度或者活度变化而改变的电极。指示电极对待测物质的指示是有选择性的，一种指示电极往往只能指示一种物质的浓度，常用的是离子选择性电极（膜电极）。离子选择性电极（图 8-4）是一类电化学传感器，它的电位与溶液中给定离子活度的对数呈线性关系。它由对特定离子有选择性响应的薄膜（敏感膜或传感膜）及内侧的参比溶液与参比电极构成，又称为膜电极。离子选择性电极响应离子的活度与电极电位的关系如式(8-2) 所示：

$$E=常数\pm\frac{0.0592}{Z_A}\lg a_A \tag{8-2}$$

式中，Z_A为离子电荷数；$0.0592/Z_A$为电极的斜率；a_A为离子活度。

（2）测量仪器

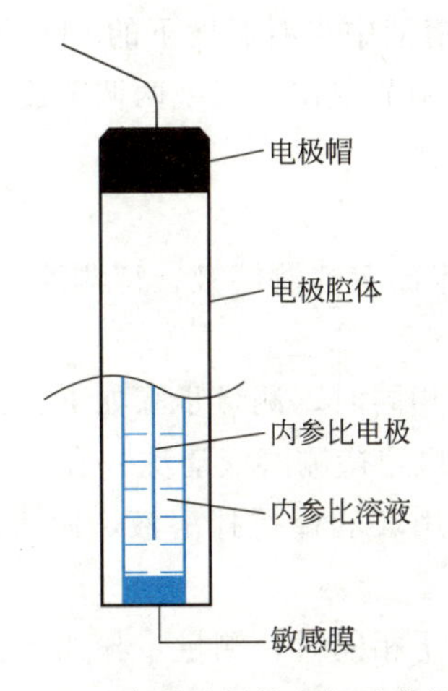

图 8-4 离子选择性电极示意图

电位分析仪是将参比电极、指示电极和测量电极构成回路来进行电极电位的测量。主要有三种：酸度计、离子分析仪、电位滴定仪。前两种都是直接电位法的仪器，其中酸度计是利用 pH 玻璃电极为指示电极测定酸度，离子分析仪是用离子选择性电极为指示电极测定各种离子的浓度。

8.3 电位分析仪的使用方法

8.3.1 pHS-3C 型酸度计的使用方法

（1）开机前准备

① 电极梗旋入电极梗插座，调节电极夹到适当位置；

② 复合电极夹在电极夹上，拉下电极前端的电极套；

③ 用蒸馏水清洗电极，清洗后用滤纸吸干。

（2）开机

① 电源线插入电源插座；

② 按下电源开关，电源接通后，预热 30min，接着进行标定。

（3）标定

仪器使用前，先要标定，一般来说，仪器在连续使用时，每天要标定一次。

① 在测量电极插座处拔去短路插座；

② 在测量电极插座处插上复合电极；

③ 把选择开关旋钮调到 pH 挡；

④ 调节温度补偿旋钮，使旋钮白线对准溶液温度值；

⑤ 把斜率调节旋钮顺时针旋到底（即调到 100%位置）；

⑥ 把清洗过的电极插入 pH=6.86 的缓冲溶液中；

⑦ 调节定位调节旋钮，使仪器显示读数与该缓冲溶液当时温度下的 pH 值一致（如用混合磷酸定位，温度为 100℃时，pH=6.92）；

⑧ 用蒸馏水清洗过的电极，再插入 pH=4.00（或 pH=9.18）的标准溶液中，调节斜

率旋钮使仪器显示读数与该缓冲溶液中当时温度下的 pH 值一致；

⑨ 重复⑥～⑧，直至不用再调节定位或斜率两调节旋钮为止；

⑩ 仪器完成标定。

（4）测量 pH 值

经标定过的 pH 计，即可用来测定待测溶液，待测溶液与标定溶液温度相同与否，测量步骤也有所不同。

① 待测溶液与定位溶液温度相同时，测量步骤如下：

a. 用蒸馏水清洗电极头部，再用待测溶液清洗一次；

b. 把电极浸入待测溶液中，用玻璃棒搅拌溶液，使溶液均匀，在显示屏上读出溶液的 pH 值。

② 待测溶液和定位溶液温度不相同时，测量步骤如下：

a. 用待测溶液清洗电极头部一次；

b. 用温度计测出待测溶液的温度值；

c. 调节温度调节旋钮，使白线对准待测溶液的温度值；

d. 把电极插入被测溶液内，用玻璃棒搅拌溶液，使溶液均匀后读出该溶液的 pH 值。

（5）pHS-3C 型酸度计使用注意事项

玻璃电极初次使用前，必须在蒸馏水中浸泡 24h 以上，平时浸泡在蒸馏水中备用，电极清洗后只能用滤纸轻轻吸干，切勿用织物擦抹，这会产生静电而导致读数错误。饱和甘汞电极使用时，电极内要充满氯化钾溶液，应无气泡，防止断路。保持少许氯化钾结晶存在，以使溶液维持饱和状态，使用时拔去电极顶端的橡皮塞，从毛细管中流出少量氯化钾溶液，使测定结果可靠。

8.3.2 PXS215 型离子分析仪的使用方法

（1）开机前准备

① 将电极梗旋入电极梗固定座中；

② 将电极夹插入电极梗中；

③ 将离子选择电极、甘汞参比电极安装在电极夹上；

④ 将甘汞参比电极下端的橡皮套拉下，并且将上端的橡皮塞拔去使其露出上端小孔；

⑤ 离子选择电极用蒸馏水清洗后需用滤纸擦干，以防引起测量误差。

（2）离子选择及等电位的设置

打开电源，仪器进入 PX 测量状态，按“等电位/离子选择”键，进行离子选择，按“等电位/离子选择”键可选择一价阳离子（X^{+}）、一价阴离子（X^{-}）、二价阳离子（X^{2+}）、二价阴离子（X^{2-}）及 pH 测量，然后按“确认”键，仪器进入等电位设置状态，按“升降”键，设置等电位值，然后按“确认”键设置结束，仪器进入测量状态。

注：如果标准溶液和待测溶液的温度相同，则无须进行等电位补偿，等电位为 0.00PX 即可。

（3）仪器的标定

① 仪器采用二点标定法，为适应各种 pX 值测量的需求，采用一组 pX 值不同的校准溶液，一般选择如表 8-1 所示的 pX 值校准溶液进行校准，第 1 组数据较常用。

表 8-1　常用的 pX 值校准溶液

序号	标定 1 校准溶液 pX 值	标定 2 校准溶液 pX 值
1	4.00pX	2.00pX
2	5.00pX	3.00pX

② 将校准溶液 A（4.00pX）和校准溶液 B（2.00pX）分别倒入经去离子水清洗干净的塑料烧杯中，将塑料烧杯放在电磁搅拌器上，缓慢搅拌。

③ 将清洗过的电极放入选定的校准溶液 A（4.00pX）中，按“温度”键再按“升降”键，将温度设置到校准溶液的温度值，然后按“确认”键，此时仪器温度显示值为设置温度值；按“标定”键，仪器显示“标定 1”，温度显示位置显示校准溶液的 pX 值，此时按“升降”键可选择校准溶液的 pX 值（4.00pX、5.00pX），现选择 4.00pX，待仪器“mV 值”显示稳定后，按“确认”键，仪器显示“标定 2”，仪器进入第二点标定；将电极从校准溶液 A（4.00pX）中拿出，用去离子水冲洗干净后（用滤纸吸干电极表面的水分），放入选定的校准溶液 B（2.00pX）中，此时温度显示位置显示第二点校准溶液的 pX 值，按“升降”键可选择第二点校准溶液的 pX 值（2.00pX、3.00pX），先选择 2.00pX，待仪器“mV”值显示稳定后，按“确认”键，仪器显示“测量”，表明标定结束进入测量状态。

（4）pX 值的测量

① 经标定过的仪器即可对溶液进行测量。

② 将待测溶液放入经去离子水清洗干净的塑料烧杯中，杯中放入搅拌子，将电极用去离子水冲洗干净后（用滤纸吸干电极表面的水分），放入待测溶液中，继续缓慢搅拌溶液。

③ 仪器显示的读数即为待测溶液的 pX 值。

注：离子电极在测量时，试样与标准溶液应保持在同一温度。

（5）mV 值的测量

在 pX 测量状态下，按“pX/mV”键，仪器便进入 mV 测量状态。

等电位 pX 的概念：当待测溶液温度发生变化时，电极系统产生的信号随之发生变化，当溶液温度变化时，一支电极的 mV-pX 直线只有一个交点，这一点电位大小是不随溶液温度变化而变化的，称为等电位点，如图 8-5 所示。

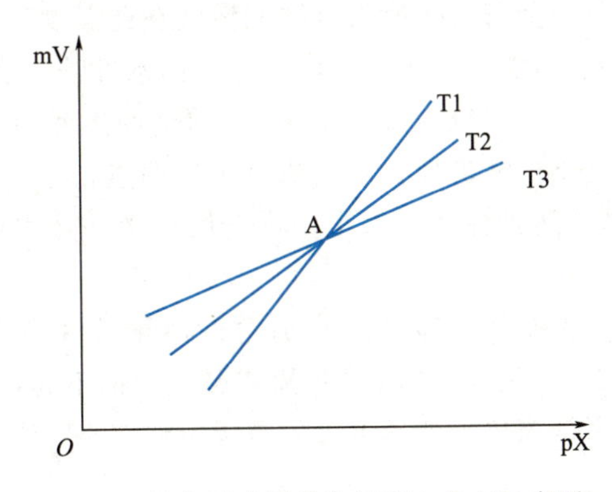

图 8-5　某离子选择性电极等电位点示意图

如果标准溶液和待测溶液的温度相同，则无须进行等电位补偿（一般将等电位点设置在 0.00pX 或将等电位点设置在电极的零电位 pX 值上，零电位 pX 值可参阅电极说明书。如测量 pH 值时可将零电位 pX 值设置在 7.00；测量 Na^+ 时可将零电位 pX 设置在 2.00）。

如果标准溶液和待测溶液的温度不同时，就必须进行等电位补偿，否则会带来较大的测量误差。

测试离子选择电极等电位点的方法是取两个（或两个以上）不同的标准溶液（pX_1，pX_2），用 mV 挡测量它们在不同温度下的电位值（一般做三个以上不同的温度）。从一个温度变为另一个温度测量时，一定要待电极达到温度平衡状态后，才能进行测量，然后以不同温度下测得的数据作图。

注意：不是所有的离子选择电极都有等电位点或者即使有也没有其实用价值，因为这种电极不同温度时 mV-pX 直线轴的交点有可能在很远处，不在离子电极有效的测量范围内。

（6）pXS215 型离子分析仪使用注意事项

仪器不用时将 Q9 短路插头插入测量电极的插座内，防止灰尘及水汽侵入。用校准溶液标定仪器时，要保证校准溶液的可靠性，不能配错校准溶液，否则将导致测量结果产生误差。当测量离子改变后，仪器须重新标定。

8.3.3 ZD-2 型电位滴定仪的使用方法

本仪器可分别作为 pH 计使用和滴定分析仪使用，具体使用和操作方法如下。

（1）作 pH 计使用

① 接通电源，仪器预热 10min。

② 仪器在测量被测溶液前，先要标定，在连续使用时，每天标定一次即可，标定分一点标定法和两点标定法，常规测量时采用一点标定法，精确测量时要采用两点标定法。

③ 一点标定法：仪器电极拔去 Q9 短路插头，接上复合电极，用蒸馏水冲洗电极，然后浸入缓冲溶液中（如待测溶液为酸性，则要用 pH=4 的缓冲溶液，反之则要用 pH=9 的缓冲溶液），将“斜率”电位器顺时针旋到底，“温度”电位器调到实测溶液的温度值。调节“定位”电位器，使数显所显示的 pH 值为该温度下缓冲溶液的标准值，此时仪器标定结束，各个旋扭不能再动，就可以测量未知的待测溶液了。

④ 两点标定法：仪器电极拔去 Q9 短路插头，接入复合电极，“斜率”电位器顺时针旋到底，将“温度”电位器调到被测溶液的实际温度值，先将电极浸入 pH=7 的缓冲溶液中。调节“定位”电位器，使仪器数显 pH 值为该缓冲溶液在此温度下的标准值。如待测溶液是酸性的，则将电极从 pH=7 的缓冲溶液中取出，用蒸馏水冲洗干净，然后插入 pH=4 的缓冲溶液中；如待测溶液是碱性的，则应插入 pH=9 的缓冲溶液中，然后调节“斜率”电位器，使此时的数显为该温度下的标准值。反复进行上述两点校正，直到不用调节“定位”和“斜率”而两种缓冲溶液都能达到标准值为止。将电极从缓冲液中取出，用蒸馏水冲洗干净就能测量未知的待测溶液了。

⑤ 仪器电极拔出 Q9 短路插头，接上各种适合的离子选择电极和参比电极。仪器“选择”开关置“mV”挡（此时“定位”“斜率”和“温度”都不起作用），将电极浸入待测溶液中，此时仪器显示的数字是该离子选择电极的电极电位（mV 值），并自动显示正负极性。

（2）作滴定分析仪使用

电位滴定仪可以用于各种类型的电位滴定，将不同的电极插入后面板的电极插孔，如有的电极不能直接插入 Q9 插孔中，则可用本仪器提供的 Q9 插头，连线用鳄鱼夹夹住电极头即可。

① 装好滴定装置，将电磁阀两头的硅胶管分别用力套入滴定管和滴液管的接头上。

② 将电磁阀插入仪器后部的插孔中，在滴定管中加入标准溶液。

③ 按“快滴”键，调节电磁阀螺丝，使标准液流下，赶走液路部分的全部气泡。

④ 按“慢滴”键，调节电磁阀螺丝，使慢滴速度为每滴 0.02mL 左右。重新加满标准液，按“短滴”键，使滴定管中的标准液调节到零刻度。

⑤ 选择开关置“预设”挡，调节预设电位器至使用者所滴溶液的终点电位值，mV 值和 pH 值通用，如终点电位为−800mV，则调节终点电位器使数显为−800；如终点电位为 8.5 pH，则调节终点电位器使数显为 850 即可。

⑥ 预设好终点电位后，选择开关按使用要求置 mV 或 pH 挡，此时“预设”电位器就不能再动了。

⑦ 滴定分析时，为了保证滴定精度，不能提前到终点也不能过滴，同时又不能使滴定一次的时间太长，本仪器设有“长滴”控制电位器，即在远离终点电位时，滴定管溶液直通被滴液，在接近终点时滴定液“短滴”（每次约 0.02mL）逐步接近终点，到达终点时（±3mV 或±0.03pH）停滴，延时 20s 左右，电位不返回即终点指示灯亮，蜂鸣器响。

8.4 实验内容

实验 27 pH 玻璃电极性能检测和溶液 pH 的测定

【实验目的】

1. 掌握 pH 计的基本使用方法。
2. 掌握测定溶液 pH 值的工作原理。
3. 学会校验 pH 电极的性能。

【实验原理】

在使用 pH 计进行测量时，把玻璃电极和饱和甘汞电极插入试液组成电池：

$$\underbrace{Ag|AgCl,Cl^-(1mol/L),H^+|玻璃膜}_{E_{玻}}\ \|\ \underbrace{H^+试液}_{E_{液接}}\ \|\ \underbrace{KCl(饱和)|Hg_2Cl_2,Hg}_{E_{SCE}}$$

$$E_{电池}=E_{SCE}-E_{玻}+E_{液接}$$

$$E_{玻}=K'-0.0592pH$$

在一定条件下，$E_{液接}$ 和 E_{SCE} 为一常数。因此，电动势可写为 $E_{电池}=K+0.0592pH$（25℃），由于 K 值不易求得，在实际工作中，用已知的标准缓冲溶液作为基准，比较未知溶液和已知标准溶液的电动势进而来确定未知溶液的 pH。所以在测定 pH 时，先用标准缓冲溶液校正 pH 计（亦称定位），以消除 K 值的影响。

【仪器与试剂】

仪器：pH 计；玻璃电极；饱和甘汞电极；电磁搅拌器。

试剂：未知 pH 试液；pH＝4.00、pH＝6.86、pH＝9.18 标准缓冲溶液（25℃）。

pH＝4.00 标准缓冲溶液（25℃）：在烧杯中加入在 130℃时干燥的邻苯二甲酸氢钾（$KHC_8H_4O_4$）10.21g，加去离子水（所用去离子水需煮沸以除去 CO_2）溶解，移至 1000mL 容量瓶中，稀释至刻度，摇匀，备用。

pH＝6.86 标准缓冲溶液（25℃）：在烧杯中加入在 110～130℃干燥的磷酸二氢钾（KH_2PO_4）3.39g 和磷酸氢二钠（Na_2HPO_4）3.53g，加去离子水（所用去离子水需煮沸以除去 CO_2）溶解，移至 1000mL 容量瓶中，稀释至刻度，摇匀，备用。

pH＝9.18 标准缓冲溶液（25℃）：在烧杯中加入 3.81g 硼砂（$Na_2B_4O_7 \cdot 10H_2O$），加去离子水（所用去离子水需煮沸以除去 CO_2）溶解，移至 1000mL 容量瓶中，稀释至刻度，摇匀，备用。

【实验步骤】

1. pH 计的使用

详见 8.3.1　pHS-3C 型酸度计的使用方法。

2. 玻璃电极性能的测定

功能良好的玻璃电极，应在不同 pH 的缓冲溶液中测得的电极电位与 pH 呈直线关系，在 25℃时其斜率为 59.2mV/pH。测定方法如下：

（1）接通仪器电源，校正仪器、调零，安装好玻璃电极和甘汞电极，在 50mL 烧杯中放入 20mL 左右的 pH＝4.00 标准缓冲溶液（25℃），加入搅拌磁子，将电极浸入其中，按下“mV”挡。开启搅拌器，使指针稳定后读数，记下数据 E（单位为 mV）。

（2）用去离子水轻轻冲洗电极，用滤纸吸干。在 50mL 烧杯中放入 20mL 左右的 pH＝6.86 的标准缓冲溶液（25℃），按下“mV”挡，按上述方法操作。

（3）同（2）的操作，更换 pH＝9.18 标准缓冲溶液（25℃），测其 E 值。

3. 试液的 pH 测定

（1）将电极用去离子水冲洗干净，用滤纸吸干。

（2）先用 pH 试纸初测试液的 pH，再用与试液 pH 相近的标准缓冲溶液校正仪器（例如，若测 pH 为 9.0 左右的试液，应选用 pH＝9.18 的标准缓冲溶液定位）。

（3）校正完毕后，用去离子水冲洗电极，用滤纸吸干后，将电极插入待测试液中，加入搅拌磁子，开启搅拌器，使指针稳定后由仪器刻度表读出 pH。

4. 关机及清洗

实验结束后，关闭电源，取下电极，用去离子水冲洗干净。

【数据记录与处理】

1. 将测得的不同 pH 缓冲溶液的 E 值填入下表中。

pH 值	E 值/mV

2. 用实验步骤（3）测得的 E 值对 pH 值作图，求其直线的斜率，填入下表中。若斜率偏离理论值 59.2mV/pH，则此电极性能不好，重新选择电极。

3. 记录所测未知溶液的 pH。

【注意事项】

1. 不得用手触摸电极的敏感膜；如果电极敏感膜表面被有机物等污染，必须先清洗干净并用滤纸吸去水分后才能使用。

2. 如果要测量精确度高的 pH 值，为避免空气中成分的影响，读数应尽量快。

3. 玻璃电极长时间使用会老化，当电极响应斜率低于 52mV/pH 时，就不宜再使用。

【思考题】

1. 测定 pH 时，为什么要选用与待测溶液 pH 相近的标准缓冲溶液来定位？

2. 为什么在测量未知溶液 pH 值前，要用相近未知溶液 pH 值的标准溶液校正仪器？

3. 玻璃电极使用前应如何处理？为什么？

实验 28 氟离子选择性电极测定水中氟离子的含量

【实验目的】

1. 掌握离子选择性电极测定某种离子的原理。

2. 掌握标准曲线法测定氟离子含量的方法和原理。

【实验原理】

离子选择性电极法是以离子选择性电极为指示电极的电位分析法。离子选择性电极可以将溶液中特定离子的活度转换成相应的电势。氟离子选择性电极（简称氟电极）对溶液中的氟离子具有高度选择性，是一种由 LaF_3 单晶敏感膜（内部掺有微量的 EuF_2，有利于导电）、饱和甘汞电极作参比电极制成的电化学传感器。

以氟电极为指示电极，饱和甘汞电极为参比电极构成工作电池：

$$Hg_2Cl_2,Hg|KCl(饱和)\|F^-试液|LaF_3|NaF,NaCl(0.1mol/L)|Ag,AgCl$$

在一定条件下，工作电池的电动势与氟离子活度的对数值呈线性关系，测量时若指示电极接正极，则有 $E=K-0.0592\lg a_{F^-}$（K 为常数，25℃）。在试液中加入大量惰性电解质（如 NaCl、KNO_3 等），可维持溶液的总离子强度不变，则上式可改写为

$$E=K'-0.0592\lg c_{F^-}\quad（K'为常数，25℃）$$

因此，在一定条件下，电池电动势与试液中氟离子浓度的对数呈线性关系，可采用标准曲线法进行定量。

【仪器与试剂】

仪器：pH 计；饱和甘汞电极；氟离子选择性电极；电磁搅拌器。

试剂：NaF（AR）；冰醋酸；NaCl；柠檬酸钠；6mol/L NaOH 溶液；去离子水。

0.100mol/L F^- 标准储备液：称取分析纯 NaF（烘干 2h，温度 120℃左右）4.20g 于烧杯中，用去离子水溶解，定量转入 1000mL 容量瓶中，用去离子水稀释至刻度，摇匀，备用。

总离子强度缓冲溶液（简写为 TISAB）：量取 57mL 冰醋酸加入 1000mL 烧杯中，加

500mL 去离子水溶解，再称取 58g NaCl、12g 柠檬酸钠（$Na_3C_6H_5O_7 \cdot 2H_2O$）加入其中，充分溶解。将烧杯放入冷水中，将 6mol/L NaOH 缓慢滴加到烧杯中，调节 pH=5.0～5.5，冷却至室温，转移到 1000mL 容量瓶中，用去离子水稀释至刻度，摇匀，备用。

【实验步骤】

1. 仪器的准备

氟电极使用前应在 0.100mol/L F^- 标准储备液中浸泡 1～2h。接通仪器电源，预热 20min 以上，校正仪器，调零。氟电极接仪器负极，甘汞电极接仪器正极，在 100mL 的烧杯中，加入去离子水、搅拌磁子，插入氟电极和饱和甘汞电极。开启搅拌器 2～3min 后，若读数大于 300mV，则更换去离子水，继续清洗，直至读数小于 300mV。

2. 标准曲线的绘制

由 0.100mol/L F^- 标准储备液在 50mL 的容量瓶中配制一系列 F^- 标准溶液。准备 5 只 50mL 的容量瓶，其中含有 25mL 的 TISAB 和 25mL 的 10^{-2} mol/L、10^{-3} mol/L、10^{-4} mol/L、10^{-5} mol/L、10^{-6} mol/L 的 F^- 标准溶液。将系列标准溶液由低浓度到高浓度依次转入干燥的烧杯中，放入搅拌磁子，电极插入被测试液，开动搅拌器 2～4min 后，停止搅拌，读取电位。在坐标纸上作 E-$\lg c_{F^-}$ 曲线即得氟离子的标准曲线。

3. 水样中 F^- 含量的测定

往烧杯中加入 25mL 的水样，加入 25mL 的 TISAB，用 pH 计测量其电位值，重复 3 次。

【数据记录与处理】

1. 将所测得的系列标准溶液的 E 值填入下表中。

F^- 标准溶液的浓度/(mol/L)	$\lg c_{F^-}$	E/mV
10^{-2}		
10^{-3}		
10^{-4}		
10^{-5}		
10^{-6}		

2. 在坐标纸上以 E 对 $\lg c_{F^-}$ 作图绘制标准曲线。

3. 根据所测水样的电位平均值由标准曲线得出水样中 F^- 含量（mol/L）。

【注意事项】

1. 电极使用完毕之后，应该用去离子水充分冲洗干净，并用滤纸吸去水分，套上保护电极敏感部位的保护帽。电极使用前仍应洗净，并吸去水分。

2. 在使用电磁搅拌器时，应保持转速始终不变。

3. 不得用手触摸电极的敏感膜；如果电极敏感膜表面被有机物等污染，必须先清洗干净后才能使用。

【思考题】

1. 氟离子选择性电极使用时应注意哪些问题？

2. 测定自来水中氟离子含量时，加入 TISAB 的作用是什么？

3. 测量氟离子标准系列溶液的电动势值时，为什么测定顺序要从低含量到高含量？

实验 29　电位滴定法测定乙酸的含量和解离常数

【实验目的】

1. 学习电位滴定法的基本原理和操作。
2. 掌握运用 pH-V 曲线和（ΔpH/ΔV)-V 曲线与二阶微商法确定滴定终点。
3. 学习测定弱酸解离常数的方法。

【实验原理】

乙酸 CH_3COOH（俗称醋酸，HAc）为一元弱酸，其 $pK_a=4.74$，当用碱标准溶液滴定乙酸试液时，在化学计量点附近可以观测到 pH 值的突跃。

以玻璃电极与饱和甘汞电极插入试液即组成如下的工作电池：

Ag,AgCl|HCl(0.1mol/L)|玻璃膜|HAc 试液‖KCl(饱和)|Hg_2Cl_2,Hg

用自动电位滴定仪记录滴定过程中的 pH 值，同时记录加入标准碱溶液的体积 V，然后由 pH-V 曲线或（ΔpH/ΔV)-V 曲线求得终点时消耗的碱标准溶液的体积，也可用二阶微商法，于 Δ^2pH/$\Delta^2 V=0$ 处确定终点。根据碱标准溶液的浓度、消耗的体积和试液的体积，即可求得试液中乙酸的浓度或含量。

根据乙酸的解离平衡

$$HAc \rightleftharpoons H^+ + Ac^-$$

其解离常数为

$$K_a=\frac{[H^+][Ac^-]}{[HAc]}$$

当滴定分数为 50%时，$[Ac^-]=[HAc]$，此时 $K_a=[H^+]$，即 $pK_a=pH$。因此在滴定分数为 50%处的 pH 值，即为乙酸的 pK_a值。

【仪器与试剂】

仪器：ZD-2 型自动电位滴定仪；玻璃电极；甘汞电极；100mL 容量瓶；5mL 移液管；10mL 移液管；10mL 微量滴定管；搅拌器。

试剂：0.1mol/L NaOH 标准溶液；HAc 试液（约为 1mol/L)；0.05mol/L $KHC_8H_4O_4$ 溶液，pH=4.00（20℃)；0.05mol/L Na_2HPO_4 +0.05mol/L KH_2PO_4混合溶液，pH=6.88（20℃)。

【实验步骤】

1. 按照自动电位滴定仪说明书操作步骤调试仪器，在电极架上安装好玻璃电极和饱和甘汞电极。

2. 于 100mL 小烧杯中加入适量 pH=4.00（20℃）的标准缓冲溶液，放入搅拌磁子，开动搅拌器，进行 pH 计定位，再以 pH=6.86（20℃）的标准缓冲溶液校准，所得读数与测量温度下的缓冲溶液的标准值 pH 之差不超±0.05pH 单位。

3. 准确量取 HAc 标准溶液 10.00mL 于 100mL 容量瓶中，用水稀释至刻度，摇匀。

4. 准确量取稀释后的 HAc 标准溶液 10.00mL 于 100mL 烧杯中，加水稀释至 30mL 左右，放入搅拌磁子。

5. 将已标定准确浓度的 NaOH 溶液装入微量滴定管中，起始读数在 0.00mL 处。

6. 开动搅拌器，调节至适当的搅拌速度，进行粗测，即测量加入 0mL，1mL，2mL，…，8mL，9mL，10mL NaOH 溶液时的各点 pH 值。初步判断发生 pH 突跃时所需的 NaOH 体积范围。

7. 重复 4、5 操作，然后进行细测。在细测时于 $\frac{1}{2}\Delta V_m$ 处，也应适当增加测量点的密度，如 ΔV_m 为 3～4mL，可测量加入 3.00mL，3.10mL，…，3.40mL 和 3.50mL NaOH 溶液时各点的 pH 值。

【数据记录与处理】

1. 随着加入 NaOH 的体积的变化，溶液 pH 值填入下表中。

V/mL	溶液的 pH 值	ΔV/mL	ΔpH

2. 根据实验数据，计算 $\Delta pH/\Delta V$ 和化学计量点附近的 $\Delta^2 pH/\Delta^2 V$。作 pH-V 和 $(\Delta pH/\Delta V)$-V 曲线，找出滴定终点 V_{ep}，用内插法求出 $\Delta^2 pH/\Delta^2 V=0$ 处 NaOH 溶液的体积 V_{ep}。

3. 计算乙酸原始试液中乙酸的浓度，以 g/L 表示。在 pH-V 曲线上，查出体积相当于 $\frac{1}{2}\Delta V_m$ 时的 pH，即为乙酸的 pK_a 值。

【注意事项】

1. 新玻璃电极或长期未使用的电极，在使用前应用蒸馏水浸泡活化 24h。

2. 使用自动电位滴定仪时应先拔掉饱和甘汞电极的橡皮帽，检查内电极是否浸入，如未浸入，应补充饱和 KCl 溶液。在电极架上安装电极时，应使饱和甘汞电极稍低于玻璃电极，以防止碰坏玻璃电极薄膜。

3. 滴加时可以加入合适的指示剂，在滴定曲线拐点处同时观察溶液颜色变化，进行对比。

【思考题】

1. 电位滴定与化学分析中的酸碱滴定相比，有何优点？有何缺点？

2. 电位滴定中为何不用加入指示剂，如何判断终点？

实验 30 电位滴定法测定水中氯离子的含量

【实验目的】

1. 掌握电位滴定法的基本原理。

2. 熟悉 ZD-2 型自动电位滴定仪的控制原理及使用方法。

【实验原理】

电位滴定法是一种用电位确定终点的滴定法，进行电位滴定时，在待测溶液中插入一个指示电极和一个参比电极组成工作电池。随着滴定剂的不断加入，由于发生化学反应，待测离子浓度将不断发生变化，指示电位电极也发生相应变化，而在化学计量点附近发生电位突跃，因此测量电池电动势的变化，就可以确定滴定终点。

本实验采用 $AgNO_3$ 标准溶液为滴定剂，银电极为指示电极，饱和甘汞电极为参比电极，发生下列反应：

$$Ag^+ + Cl^- = AgCl\downarrow$$

滴定过程中，银电极电位随溶液中 Cl^-（或 Ag^+）浓度变化而变化。

化学计量点前，银电极的电位取决于 Cl^- 浓度，即

$$E = E^{\ominus}_{AgCl/Ag} - 0.0592\lg c_{Cl^-}$$

化学计量点后，银电极电位取决于 Ag^+ 浓度，即

$$E = E^{\ominus}_{Ag^+/Ag} - 0.0592\lg c_{Ag^+}$$

在化学计量点附近，Cl^-（或 Ag^+）浓度发生突变，致使银电极的电位发生突变。

滴定终点可由电位滴定曲线来确定，即 E-V 曲线（突跃终点）、一阶微商 $\Delta E/\Delta V$-V 曲线（$\Delta E/\Delta V$ 最大点）、二阶微商（$\Delta^2 E/\Delta^2 V$)-V 曲线（$\Delta^2 E/\Delta V^2 = 0$ 点）。

【仪器与试剂】

仪器：ZD-2 型自动电位滴定仪；双盐桥饱和甘汞电极；银电极；搅拌器；酸式滴定管；吸量管。

试剂：0.050mol/L $AgNO_3$。

【实验步骤】

1. 手动电位滴定

① 准确移取 25.00mL 自来水于 100mL 小烧杯中，加入蒸馏水 25.00mL 并放入磁子。

② 将小烧杯置于电磁搅拌器上。银电极和饱和甘汞电极分别接在仪器上，并插入溶液中。

③ 用 $AgNO_3$ 标准溶液进行滴定，先粗滴一次，每加 1mL 记一次电位值，观察电势突跃，记下消耗 $AgNO_3$ 的体积。

④ 按照②、③步骤另取一份水样进行滴定，开始时每加 1.00mL 记录一次数据，电势突跃前后 1mL 时，每加 0.10mL 便记一个数，过化学计量点后再加 0.50mL 或 1.00mL 记一个数。

2. 自动电位滴定

① 根据手动滴定曲线，可求得终点电位，以此电位值为控制依据，进行自动电位滴定。

② 准确移取 25.00mL 自来水于 100mL 小烧杯中，加入蒸馏水 25.00mL，置于搅拌器上。

③ 将两电极浸入溶液，将 $AgNO_3$ 标准溶液装入滴定管中，调节好液面后，开启搅拌器，按下“滴定开始”按钮，开始滴定。

④ 待“终点”灯提示后，滴定结束，读取并记下滴定管读数。

⑤ 实验结束，将仪器复原，洗净电极并擦干，干燥保存。

【数据记录与处理】

$AgNO_3$体积/mL	E/mV	ΔE	ΔV/mL	$\Delta E/\Delta V$	平均体积/mL	$\Delta(\Delta E/\Delta V)$	$\Delta^2 E/\Delta^2 V$	平均体积/mL

1. 根据手动电位滴定的数据，绘制电位（E）对滴定体积（V）的滴定曲线以及 $\Delta E/\Delta V$-V、$(\Delta^2 E/\Delta^2 V)$-V 曲线，并用二阶微商法确定终点体积。

2. 根据消耗 $AgNO_3$溶液的体积计算自来水中氯离子含量（以 mol/L 表示）。

【注意事项】

1. 测定过程中搅拌溶液的速率应恒定。

2. 安装电极时，两支电极不要彼此触碰，也不要触碰杯底或杯壁。

【思考题】

1. 与化学分析中的容量法相比，电位滴定法有何特点？

2. 用硝酸银滴定氯离子时，是否可以用碘化银做指示剂电极？

3. 如何计算滴定反应的理论电位值？

实验 31 电位滴定法测定混合碱中 Na_2CO_3和 $NaHCO_3$的含量（设计实验）

【实验目的】

1. 了解电位滴定仪的工作原理和基本结构，学会其使用方法。

2. 熟练文献的查阅方法，并初步练习设计实验方案。

3. 掌握用 HCl 标准溶液及自动 pH 滴定仪测定混合碱各组分含量的方法。

【实验提示】

1. 在试样测定中，第一终点和第二终点分别是什么？为什么不同？

2. 怎样正确使用 pH 玻璃电极和饱和甘汞电极？

3. 如何提高测定的精密度和准确性？

4. 根据现有文献报道还可用哪些方法测定混合碱中 Na_2CO_3 和 $NaHCO_3$ 的含量？

【设计实验方案】

1. 电位滴定法的方法原理是什么？

2. 理论上的第一化学计量点和第二化学计量点是什么？

3. 用到的仪器、试剂有哪些？

4. 如何设计实验步骤？

5. 如何处理数据？

6. 注意事项有哪些？

8.5 拓展内容

影响电位测定准确性的因素

① 测量温度：温度对测量的影响主要表现在对电极的标准电极电位、直线的斜率和离子活度的影响上，在测量过程中应尽量保持温度恒定。

② 线性范围和电位平衡时间：一般线性范围越大越好，平衡时间越短越好。测量时可通过搅拌使待测离子快速扩散到电极敏感膜，以缩短平衡时间。测量不同浓度试液时，应由低浓度到高浓度测量。

③ 溶液特性：主要是指溶液离子强度、pH 值及共存组分等。溶液的总离子强度保持恒定。溶液的 pH 值应满足电极的要求，避免对电极敏感膜造成腐蚀。干扰离子的影响表现在两个方面，一是能使电极产生一定响应；二是干扰离子与待测离子发生络合或沉淀反应。

④ 电位测量误差：当电位读数误差为 1mV 时，对于一价离子，由此引起结果的相对误差为 3.9%，对于二价离子，则相对误差为 7.8%。故电位分析多用于测定低价离子。

CBS-1D 全自动电位滴定仪适用于一般以电位为检测指标的含量分析，可作为青霉素检测的专用仪器。

电位滴定法在医疗行业、食品行业、石油化工冶炼行业、环保电镀材料行业均有广泛应用。

第9章 库仑分析法

9.1 库仑分析法的基本原理

根据电解过程中所消耗的电量，由法拉第定律确定待测物质含量的电化学分析法，称为库仑分析法。库仑分析法是在电解分析法的基础上发展起来的一种分析方法，是通过测量待测物质在100%电流效率下电解所消耗的电量来进行定量分析的。

在电解过程中，在电极上发生反应的物质的量与通过电解池的电量之间的关系可用法拉第定律表示，即

$$m=\frac{MQ}{Fn}=\frac{M}{n}\times\frac{It}{F} \tag{9-1}$$

式中，m 为电解过程中析出物质的质量，g；Q 为通过电解池的电量，C；M 为析出物质的摩尔质量，g/mol；n 为电极反应中的电子转移数；F 为法拉第常数，其值为96487C；I 为通过电解池的电流，A；t 为通过电流的时间，即电解时间，s。

法拉第定律是自然科学中最严格的定律之一，主要包含两层含义：a. 电极上发生反应的物质的量与通过体系的电量成正比；b. 体系通过相同电量时，电极上沉积的各物质的质量与 M/n 成正比。

库仑分析法是基于电量的测量来求解待测物质的含量，因此要求通过电解池的电流须全部用于待测物质的电解，这要求电极上不能发生副反应和漏电现象，即电流效率必须达到100%，这也是库仑分析法的关键。根据电解方式不同，库仑分析法分为控制电位库仑分析法与恒电流库仑分析法两种。

库仑分析法原理及仪器

9.1.1 控制电位库仑分析法

控制电位库仑分析法是控制工作电极的电位保持恒定，使待测物质在电极表面发生定量的电解反应，直至电流接近于零，即反应完全为止，根据待测物质在电解过程中所消耗的电量来求其含量的方法。在电解过程中，控制工作电极电位保持恒定值，使待测物质以100%的电流效率进行电解，当电解电流趋近零时，指示该物质已被完全电解。如果用与之串联的库仑计精确测量使该物质被完全电解时所需的电量，即可由法拉第定律计算其含量。

9.1.2　恒电流库仑分析法

恒电流库仑分析又称库仑滴定法，是指在试液中加入大量适当辅助电解质后，以一定强度的电流进行电解，辅助电解质由于发生电极反应而产生一种能与待测组分进行定量反应的“滴定剂”，选择适当的方法（如指示剂法、电位法、电流法等）指示滴定终点，由电解时间（t）与电解电流（I）根据法拉第定律即可求得待测组分的含量（式 9-1）。该滴定方法消耗的滴定剂不是由滴定管加入的，而是通过电解产生的，滴定剂的量与电解所消耗的电量成正比，所以称为库仑滴定。因此，库仑滴定法是一种不需要标准物质的、以电子作滴定剂的容量分析方法，可用于各种类型的滴定分析。

9.2　库仑仪的结构

9.2.1　基本装置与结构

库仑滴定仪的基本装置如图 9-1 所示。

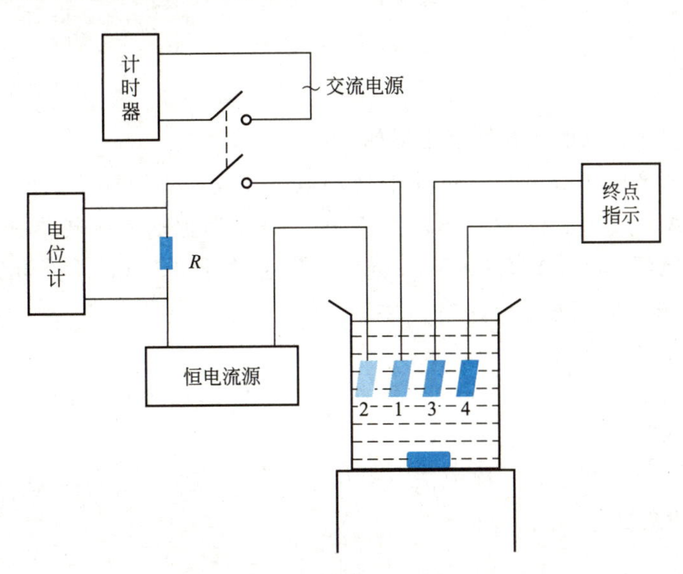

图 9-1　库仑滴定仪的基本装置

1—工作电极；2—辅助电极；3,4—指示电极

（1）直流恒电流源及电流测量装置

① 直流稳流器，有商品出售，电流可直接读出。

② 45～90V 乙型电池，此时可通过测量标准电阻 R 两端的电压降 V 而求得电流。

（2）计时器

电停表、秒表。

（3）库仑池

① 工作电极：电解产生滴定剂的电极直接浸在加有滴定剂的溶液中。

② 对电极：浸于另一种电解液中，并用隔膜隔开，避免电极上发生的电极反应对测定产生干扰。

KLT-1型通用库仑仪如图9-2所示，由终点选择方式、控制电路、电解电流交换电路、电流对时间的积算电路以及数字显示等部件构成。库仑仪具有电流法、电位法、等当点上升、等当点下降四种指示电极终点的检测方式，根据不同的要求，选用电极和电解液，可完成不同的实验，如酸碱滴定、氧化还原滴定、沉淀滴定、配位滴定等。

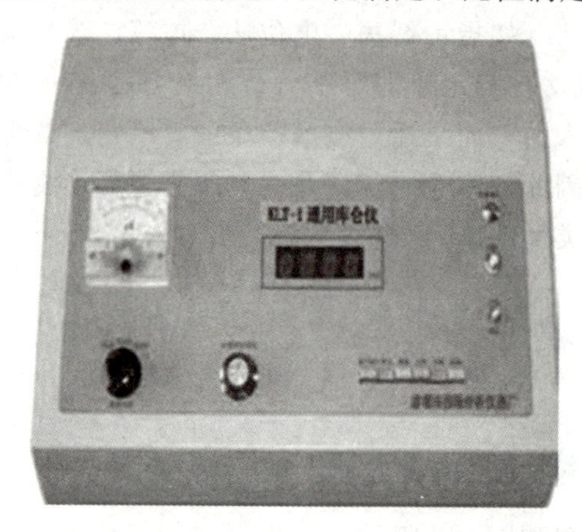

图9-2 KLT-1型通用库仑仪

9.2.2 主要性能指标

KLT-1型通用库仑仪的主要性能指标如下：

① 仪器在开机通电10min后，可在下列环境下连续使用：环境温度0～40℃；相对湿度≤80%；电源AC（220±22)V，(50±0.5)Hz；无显著振动和强电磁场干扰。

② 最大电解电流：50mA、10mA、5mA三挡连续可调。50mA挡电量(读数×5mQ)，其他两挡电量(读数×1mQ)。

③ 主机积分精度：误差小于0.5%。

④ 分析误差及最小检出量：2mL进样，分析大于10μg/g的标准液时，变异系数小于3%，回收率大于95%。

⑤ 指示电极终点检测方式：电流法、电位法、等当点上升、等当点下降四种方式，根据电极和电解液任意组合。

9.3 库仑仪的使用方法

9.3.1 操作步骤

KLT-1型通用库仑仪的操作面板如图9-3和图9-4所示。其操作步骤如下所示：

① 开启电源前，“工作/停止”开关置于“停止”位置；电解电流量程选择可根据试样含量及分析精度选择合适的挡，一般情况选10mA挡；电流微调放在最大位置。

② 开启电源开关，预热30min，根据试样分析需要和采用的滴定剂，选用指示电极电位法或指示电极电流法，将指示电极插头和电解电极插头插入机后相应孔内，并夹在相应的电极上。

③ 把配好电解液的电解池放在搅拌器上，开启搅拌器，选择适当转速。

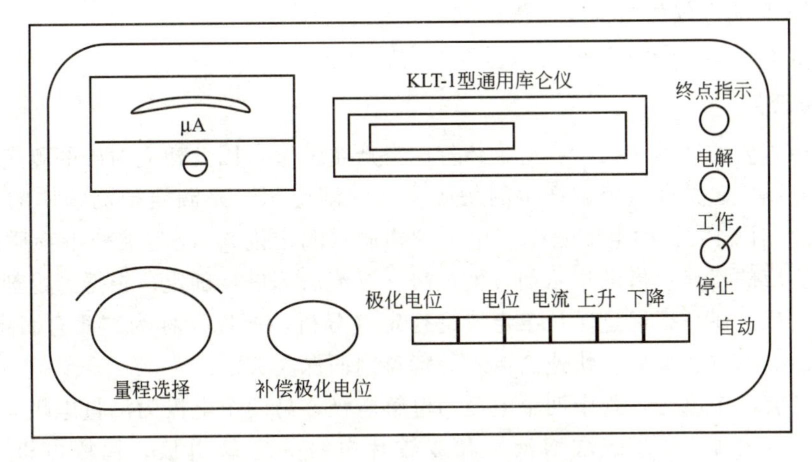

图 9-3 KLT-1 型通用库仑仪正面

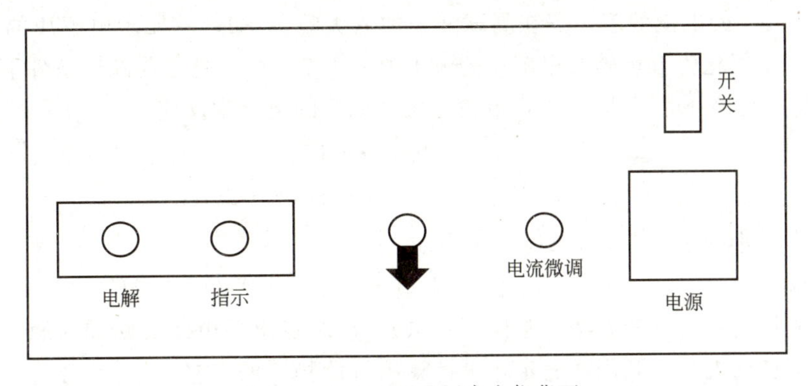

图 9-4 KLT-1 型通用库仑仪背面

④ 根据选用的指示电极终点检测方式接好电极线，调好极化电位或补偿电位等参数后进行测量，将“工作/停止”开关置于“工作”位置，按下“启动”键，再按一下“电解”按钮，这时开始电解，在显示屏上显示不断增加的毫库仑数，直至指示红灯亮，记数自动停止，表示滴定到达终点。此时显示在显示器中的数值，即为滴定终点时消耗的毫库仑数，记录数据。

9.3.2 注意事项

① 仪器不宜时开时关，使用过程中不要把电极连接线弄湿。

② 为了保护仪器，在断开电极连线或电极离开溶液时，要预先弹出“启动”。

9.4 实验内容

实验 32 库仑滴定法测定微量砷

【实验目的】

1. 学习并掌握恒电流库仑法的基本原理。

2. 熟悉库仑滴定仪的结构及操作。

3. 掌握恒电流库仑滴定法测定微量砷的实验方法。

【实验原理】

砷是一种重要的环境污染物，对人体健康有严重危害，因此建立对砷的测定方法具有重要意义。库仑滴定法是通过电解产生的物质作为“滴定剂”来滴定待测物质的一种分析方法。在分析时，以100%的电流效率产生一种物质（滴定剂），能与被分析物质进行定量的化学反应，反应的终点可借助指示剂、电位法、电流法等进行确定。根据滴定剂的量与电解所消耗的电量成正比，即通过法拉第定律进行定量分析，所以又称为“库仑滴定”。恒电流库仑滴定法因具有方法简单、快速、灵敏等特点因而深受关注。

库仑仪共有4个电极，其中两个电极为电解电极，另两个电极为测量电极，如图9-1所示。铂丝电极（内加1∶3硫酸溶液）和双铂片电极为电解电极，钨棒电极（内加饱和K_2SO_4溶液，作参比电极）和任一单铂片电极为测量电极。

为保证100%的电流效率，需在测试液中加入大量的KI，并要求电解质的pH小于9。如使三价砷完全氧化为五价砷，电解质的pH须大于7。本实验在弱碱性条件下，恒电流电解KI产生I_2，与AsO_3^{3-}反应，工作电极上发生如下的电化学反应：

阳极：
$$3I^- - 2e^- \xlongequal{} I_3^-$$

阴极：
$$2H_2O + 2e^- \xlongequal{} H_2\uparrow + 2OH^-$$

阳极产生的I_2立即与AsO_3^{3-}发生如下反应：

滴定反应：
$$I_2 + AsO_3^{3-} + H_2O \xlongequal{} 2I^- + AsO_4^{3-} + 2H^+$$

本实验采用电流上升的方法（永停滴定法），即终点出现电流突跃即为滴定终点。根据滴定过程中消耗的电量，利用库仑定律可计算出待测物质的质量m[式(9-2)]。实验还可以用淀粉作指示剂，即产生过量的碘时，能使有淀粉的溶液出现蓝紫色，指示滴定终点。

$$\rho_{As}(mg/L) = \frac{m}{V_{水样}} \times 1000 \qquad (9\text{-}2)$$

【仪器与试剂】

仪器：KLT-1型通用库仑仪；10mL量筒；0.5mL、5mL移液管；100mL、250mL容量瓶；pH广泛试纸。

试剂：$NaH_2PO_4 \cdot 2H_2O$；NaOH；KI；As_2O_3；H_3PO_4；硝酸；去离子水。

【实验步骤】

1. 溶液的配制

① 磷酸缓冲溶液：称取7.80g $NaH_2PO_4 \cdot 2H_2O$和2.00g NaOH，用去离子水溶解并稀释至250mL。

② 0.2mol/L碘化钾溶液：称取8.30g KI，溶于250mL去离子水中即得。

③ 砷标准溶液：准确称取0.66g As_2O_3，以少量去离子水润湿，加入NaOH溶液搅拌溶解，稀释至80～90mL。用少量H_3PO_4中和至中性，转移至100mL容量瓶，稀释至刻度，摇匀。此溶液砷的浓度为5.00mg/mL，使用时可继续稀释至500μg/mL。

2. 测试

① 开启仪器电源开关预热30min。

② 取 10mL 0.2mol/L 碘化钾溶液、10mL 磷酸缓冲溶液，倒入电解池中，加入 20mL 去离子水，加入含砷水样 5.00mL，将电极全部浸没在溶液中。

③ 终点指示选择电流上升。

④ 按下电解按钮，灯灭，开始电解，数码管上开始记录电量数（mC）。

⑤ 电解完毕后，记下所消耗的电量数（mC）。

⑥ 再在此电解液中加入 5.00mL 含砷水样，再做一次电解，得到第二个电量数（mC），如此重复 4 次，得到 4 个电量数（mC）。舍去第一次的测得数据，取后三次数据的平均值，用于计算水样中的砷量。以 As（mg/mL）或 As_2O_3（mg/mL）表示。

⑦ 复原仪器：将所有按键弹起，关闭电源，洗净库仑池，存放备用。

【数据记录与处理】

1. 记录每次测得的相关数据，并填写下表。

平行实验	1	2	3	4
V_s/mL				
Q/mC				
ρ_{As}/(mg/L)				
$\bar{\rho}_{As}$/(mg/L)				
相对偏差				

2. 按法拉第定律公式计算待测试样中砷的含量。

【注意事项】

1. 电解电流测定要准确。
2. 电极的极性切勿接错，若接错必须仔细清洗电极。
3. 溶液搅拌要充分，但须避免产生大量气泡。

【思考题】

1. 0.1A 电流通过氰化亚铜溶液 2h，在阴极上析出 0.4500g 铜，试求此电解池的电流效率。
2. 库仑滴定的基本要求是什么？双铂电极为什么能指示终点？
3. 该滴定反应能否在酸性介质中进行？为什么？
4. 在重复测定时不必更换电解液，也不需要清洗电极，为什么？

实验 33　库仑滴定法测定维生素 C 的含量

【实验目的】

1. 掌握库仑滴定法和永停滴定法指示终点的基本原理。
2. 熟悉库仑滴定的基本操作。
3. 掌握库仑滴定法测定维生素 C 含量的实验方法。

【实验原理】

维生素 C 可以用于预防和治疗坏血病，因此又称为抗坏血酸，分子式为 $C_6H_8O_6$（M=176.12g/mol），结构式如图 9-5 所示。分子中的烯二醇基有还原性，可以被 I_2 定量地氧化为二酮基，因此可用直接碘量法测定其含量。

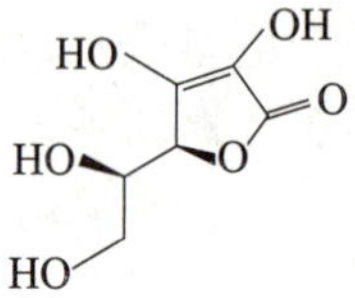

图 9-5 维生素 C 的结构式

本实验采用 KI 为支持电解质，在酸性环境中恒电流电解，工作电极发生如下反应：

阳极： $3I^- - 2e^- = I_3^-$

阴极： $2H_2O + 2e^- = H_2\uparrow + 2OH^-$

阳极所生成的 I_2 与溶液中的维生素 C（$C_6H_8O_6$）发生氧化还原反应：

滴定反应： $I_2 + C_6H_8O_6 = (C_6H_8O_6)' + 2I^-$

采用永停终点法指示滴定终点。在指示电极的两个铂片电极上施加一个较低的电压（如 50mV），在化学计量点以前，由于溶液中只存在 $C_6H_8O_6$，$(C_6H_8O_6)'$和 I^-，而 $C_6H_8O_6/(C_6H_8O_6)'$是一对不可逆电对，在指示电极上较小的极化电压下不发生电极反应，所以指示回路上电流几乎为零。当溶液中维生素 C 完全被氧化后，稍过量的 I_2 与 I^- 组成 I_2/I^- 可逆电对，I_2/I^- 电对在指示电极上发生反应，指示回路中电流升高，指示滴定终点到达。记录电解过程中所消耗的电量，由法拉第定律可算出产生 I_2 的物质的量，根据 I_2 与维生素 C 反应的化学计量关系即可求出维生素 C 的含量。

【仪器及试剂】

仪器：KLT-1 型通用库仑仪；库仑池；电磁搅拌器；电子天平；台秤；聚四氟乙烯搅拌磁子；量筒；棕色容量瓶（50mL）；烧杯；胶头滴管。

试剂：盐酸（0.1mol/L）；氯化钠（0.1mol/L）；碘化钾（2mol/L）；浓硝酸；市售维生素 C 药片；蒸馏水。

【实验步骤】

1. 清洗电极

将铂电极浸入浓硝酸中，几分钟后取出，用二次蒸馏水洗净。

2. 调节仪器，连接导线。

3. 试液的配制

取市售维生素 C 药片 1 片，准确称重（m），用 5mL 0.1mol/L HCl 溶解，定量转移至 50mL 棕色容量瓶中，以 0.1mol/L NaCl 溶液清洗烧杯，并用之稀释至刻度，摇匀，放置至澄清，备用。

4. 电解液的配制

取 5mL 2mol/L KI 溶液和 10mL 0.1mol/L HCl 溶液置于库仑池中，用蒸馏水稀释至约 60mL，置于电磁搅拌器上搅拌均匀。用胶头滴管吸取少量电解液注入铂丝电极的隔离管内，并使液面高于库仑池的液面。

5. 校正终点

滴入数滴维生素 C 试液于库仑池内，启动电磁搅拌器，按下“启动”键，将“停止工作”开关置于“工作”状态，按一下“电解”开关，终点指示灯灭，电解开始，电解到终点时指示灯亮，电解自动停止，不必记录库仑仪的示数，将“工作停止”开关置于“停止”状态，弹起“启动”键，显示数码自动回零。

6. 定量测定

准确移取 0.50mL 澄清试液于库仑池中，搅拌均匀，在不断搅拌下进行电解滴定，电解到终点时指示灯亮，记录库仑仪示数，单位为 mC，重复实验 2～3 次。

7. 复原仪器

将所有按键弹起，关闭电源，洗净库仑池，存放备用。

【数据记录与处理】

1. 记录测得的相关数据并填入下表。

平行实验	1	2	3	4
V_s/mL				
Q/mC				
w/%				
$\overline{w}$/%				
相对偏差				

2. 按法拉第定律公式计算待测试样中维生素 C 的含量。

$$w=\frac{MQ}{2Fm}\times\frac{50.0}{0.50}\times100\% \tag{9-3}$$

【注意事项】

1. 维生素 C 具有较强的还原性，在空气中易被氧化，在碱性介质中更为严重，因此在测定时要加入稀盐酸以减少副反应。

2. 严格按照仪器说明书进行仪器操作，接线正、负端不要接错。

3. 电解电流不宜过大，电解时溶液必须搅拌。

【思考题】

1. 库仑滴定的前提条件是什么?

2. 搅拌速度不均匀对结果会产生什么影响?

3. 为什么要进行终点校正?

实验 34 恒电流库仑法测定环境水样的化学需氧量

【实验目的】

1. 掌握恒电流库仑法测定水样化学需氧量（COD）的原理和有关操作技术。

2. 熟悉环境水样消解的方法。

【实验原理】

COD 是指水体中易被氧化的有机物和无机物（不包括 Cl^-）所消耗的氧的数量（折算

成每升水样消耗氧的毫克数，用 mg/L 表示)，是评价水体中有机污染物质的相对含量的一项重要的综合性指标，也是污水处理厂需要控制的一项重要的测定参数。目前国内外常用的COD测定方法有重铬酸钾法和高锰酸钾指数法两种。传统的COD测定采用的是滴定法，但该方法存在消耗时间长、耗费试剂多、操作繁琐等缺点。

COD在线分析仪

化学需氧量测定仪分析COD的原理是，用过量的重铬酸钾（或高锰酸钾）为氧化剂，氧化有机物中的碳元素，剩余的氧化剂以电解产生 Fe^{2+} 为还原剂进行测定，从而测出COD值。该方法依赖于恒电流库仑滴定，原理遵循法拉第定律，如式(9-4) 所示：

$$m=\frac{Q}{F}\cdot\frac{M}{n} \tag{9-4}$$

式中，Q 为电量，C；M 为待测物质的摩尔质量，g/mol；n 为滴定过程中待测离子的电子转移数；F 为法拉第常数，其值为 96487C；m 为待测物质质量，g。

设试样 COD 值为 c_x（mg/L)，取样量为 V(mL)，因为 $m=c_xV/1000$；$Q=It$，$M(O_2)=32$g/mol，$n=4$，将以上各项代入式（9-4）整理得：

$$c_x=\text{COD(mg/L)}=\frac{8000}{96487}\cdot\frac{I(t_0-t_1)}{V} \tag{9-5}$$

式中，I 为电解电流，mA；t_0 为空白实验时电解产生 Fe^{2+}，标定重铬酸钾或高锰酸钾的时间；t_1 为水样实验时电解产生 Fe^{2+} 滴定剩余重铬酸钾或高锰酸钾，水样中的耗氧物质还原一定量的重铬酸钾或高锰酸钾，剩余的重铬酸钾或高锰酸钾由电解产生的 Fe^{2+} 为还原剂进行还原直至反应完全。此时仪器进入终点状态。指示电极电位突变，进而测得试样的COD。

化学需氧量测定仪测定COD与传统的滴定分析法相比，具有如下优点：

① 操作省时：重铬酸钾法一次试样全过程分析需 30min，高锰酸钾指数法则需 40min，而一般滴定分析法测定一次全过程需半天左右。

② 节省试剂：硫酸铁不需要每天标定。因为 Fe^{2+} 是在阴极上电解产生，随时用随时电解，省去了试剂标定步骤。

③ 避免二次污染：对于氯化物含量较高的水体（一般为 60mg/L 以上）只需要用硝酸银消除干扰即可。而在标准铬法中对氯化物含量高于 30mg/L 的水体，需加入硫酸汞消除干扰，从而引入了二次污染。

④ 高含量、低含量都可以测定：仪器可直接测定 COD 值低于 1000mg/L 的水体，高于 1000mg/L 的水体可稀释后测定，水样的 COD 值低于 2～3mg/L 时仍然可以测定，仪器灵敏度为 0.3mg/L。

本实验采用重铬酸钾法进行水样的COD测定。

【仪器和试剂】

仪器：化学需氧量测定仪；电解池；回流装置（球形冷凝管、250mL 磨口锥形瓶)；电炉。

试剂：去离子水；高锰酸钾；重铬酸钾；浓硫酸；硫酸银；硫酸铁；硫酸汞。

重去离子水：于去离子水中加入少许高锰酸钾进行重蒸馏。

重铬酸钾溶液 [$c(1/6K_2Cr_2O_7)=0.05$mol/L]：称取 2.4516g 重铬酸钾溶于 1000mL

重去离子水中，摇匀，备用。

硫酸-硫酸银溶液：于500mL浓硫酸中加入6g硫酸银，使其溶解，摇匀。

硫酸铁溶液[$c(1/2Fe_2(SO_4)_3)=1mol/L$]：称取200g硫酸铁溶于1000mL重去离子水中。若有沉淀物需过滤除去。

硫酸汞溶液：称取4g硫酸汞置于50mL烧杯中，加入20mL 3mol/L的硫酸，稍加热使其溶解，移入滴瓶中。

【实验步骤】

1. 消解试样

① 标定扣除本底空白的1mL重铬酸钾溶液的总氧化量，取12mL去离子水和17mL硫酸-硫酸银溶液，加1mL重铬酸钾溶液，加热回流15min，稍微冷却之后，加入33mL去离子水，再加7mL硫酸铁溶液，冷却至室温后待测。

② 取水样10mL，加1mL重铬酸钾溶液、2mL去离子水、17mL硫酸-硫酸银溶液，加热回流15min后，稍冷，加33mL去离子水、7mL硫酸铁溶液，冷至室温后待测。

2. 准备电解池

① 将洗净备用的电解池用约1mL饱和K_2SO_4注入钨棒（指示负极）内充液腔。用约1mL 3mol/L H_2SO_4注入铂丝（电解阳极）内充液腔，将电解池静置1min观察内充液是否存在明显漏失现象，如发现，实验前应及时补充。

② 大二芯红线叉接单铂丝引线端子（电解阳极）；大二芯黑线叉接双铂片引线端子（电解阴极）。

③ 小二芯红线叉接单铂片引线端子（指示正极）；小二芯黑线夹接钨棒引线端子（指示负极）。

④ 将此电解池置于主机右侧电解池固定凹板上并将大小二芯插头分别插入主机后侧板的对应插座内。

3. COD测定

① 开启电源，选定仪器的分析方法为铬法。选择20mA的电流挡。

② 将回流好的空白（标定）消解杯放于搅拌器上，放入干净的磁力搅拌子，把准备好并接好连线的电极头插入消解杯中，选择适当的搅拌速度（电解液起旋，但无气泡），“标定/测量”置标定挡。

③ 按“启动”键，“电流”灯亮，仪器开始从“0”做加法计数，这时开始电解产生滴定重铬酸钾，到终点后，终点指示灯亮，同时蜂鸣器鸣叫，电解电流自动关闭，计数停止，如需打印，按“打印”键，打印参数及结果。不需打印，按任意键，终点灯灭。重复上述步骤3次，则仪器自动取平均值作为重铬酸钾总氧化量的标定值，存储到机内。

④ 在测量试样前，按一下“标定/测量”键，使测量灯亮，这时显示器显示出“b”及标定时平均标定值（也可通过键盘输入标定值），输入体积值（即水样的体积10mL），把电极头放入回流消解好的（或水浴好的）试样杯中，按下“启动”键，仪器自动电位补偿，补偿完成后，电流灯亮，仪器开始从预置标定值作减法计数，到终点后，终点指示灯亮，同时蜂鸣器鸣叫，电解停止，所显示数即为试样的COD值（如稀释过其显示结果应乘上稀释倍数）。重复上述步骤3次。

⑤ 记录标定值和试样COD值。

【数据记录与处理】

库仑滴定法测定 COD 的数据记录：

测定次数	1	2	3	平均偏差
标定值				
COD 值/(mg/L)				

【注意事项】

1. 所用分析纯试剂，必须是透明无色，无絮状物，无残渍。

2. 内充液在连续使用一星期左右时应及时更换。

3. 各连线接触应保持良好，否则仪器不能正常工作（出现无终点等故障）。

4. 电极铂片应保持光亮，有时在使用后会附着氯化银等化合物，此时应用 1∶3 硝酸溶液在电解杯内浸洗并用去离子水洗净。如长期不用，可置于干净无任何溶液的电解杯内。

【思考题】

1. 写出重铬酸钾氧化有机物中碳元素的化学方程式。

2. 为什么恒电流库仑法测定 COD 只需要用硝酸银即可消除氯的干扰，而重铬酸钾法滴定中需硫酸汞才可消除氯的干扰？

3. 讨论本实验滴定中可能的误差来源及其预防措施。

实验 35 库仑滴定法标定硫代硫酸钠的浓度（设计实验）

【实验目的】

1. 掌握库仑滴定法的原理及化学指示剂指示滴定终点的方法。

2. 掌握利用法拉第定律计算待测物浓度的方法。

【实验要求】

1. 掌握库仑滴定法的基本原理和应用，结合滴定分析法中碘量法的有关原理，设计硫代硫酸钠浓度测定的实验方案。

2. 实验报告包括实验目的、实验原理、实验仪器和试剂、实验步骤、数据记录与处理、注意事项及思考题等。

【设计实验方案】

1. 采用永停滴定法控制库仑滴定终点。

2. 利用 KI 在阳极上电解产生的 I_2 为“滴定剂”。

3. 方法原理是什么？

4. 用到的仪器、试剂有哪些？

5. 如何设计实验步骤？

6. 如何处理数据？

7. 注意事项有哪些？

9.5 拓展内容

(1) 电学之父——自学成才的伟人“法拉第”

迈克尔·法拉第(M. Faraday，1791. 9. 22—1867. 8. 25)，英国物理学家、化学家，著名的自学成才的科学家。法拉第出生于英国萨里郡纽因顿一个贫苦铁匠家庭，仅上过小学。14岁时，法拉第到一家书籍装订销售商处打工，利用这个机会阅读了很多书。20岁时，法拉第去听英国著名化学家汉弗里·戴维(H. Davy)的课并深受吸引，他给戴维写信并有幸成为其助手。他缺乏数学基础，但是在物理实验方面的才能却是无与伦比的。1831年10月17日，法拉第首次发现电磁感应现象，并进而得到产生交流电的方法。同年10月28日法拉第发明了圆盘发电机，是人类创造出的第一个发电机。1831年，法拉第做出了关于电力场的关键性突破，永远改变了人类文明。法拉第一生为人谦逊，淡泊名利，于1867年8月25日因病医治无效与世长辞。

(2) 库仑分析法的应用

《石油产品、润滑油和添加剂中水含量的测定 卡尔·费休库仑滴定法》(GB/T 11133—2015)。

GB/T 11133—2015

第10章 伏安分析法

10.1 伏安分析法的基本原理

伏安分析法是一类特殊形式的电解分析方法。其以面积小、易极化的电极为工作电极，以面积大、不易极化的电极为参比电极组成电解池，电解待分析物质的稀溶液，根据测得的电流-电压曲线进行定性和定量分析。以滴汞电极或其他表面周期性更新的电极为工作电极的伏安分析法称为极谱法，它是一种特殊的伏安分析法。

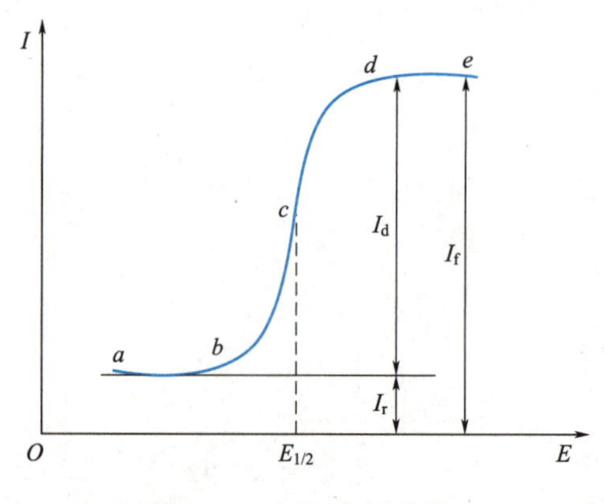

图 10-1　电流-电压曲线

伏安分析原理及仪器

下面以极谱法为例说明伏法安分析法的基本原理。极谱法以表面周期性更新的滴汞电极为工作电极，以饱和甘汞电极为参比电极，与待测试液构成电解池，在均匀施加递增电解电压并保持试液静止状态下，进行电解，可得到如图 10-1 所示的电流-电压曲线。曲线的 *ab* 段称为残余电流，它是由溶液中的微量杂质（尤其是溶液中的溶解氧）被还原形成的电解电流和滴汞电极在成长和滴落过程中汞滴面积不断改变所引起的充电电流（也称电容电流）两部分所构成的。当电压增加到金属离子的分解电压后（*bd* 段），电流随电压的增大而迅速增大，此时金属离子在滴汞电极（阴极）上发生还原反应，生成金属，并有可能与汞滴生成汞齐，即

$$M^{2+}+Hg+2e^- = M(Hg)$$

在阳极发生氧化反应：

$$2Hg+2Cl^- = Hg_2Cl_2+2e^-$$

随着电极表面 M^{2+} 的减小，致使电极表面离子浓度 c_0 与主体溶液中的离子浓度 c 存在一定的浓差梯度，因此使金属离子从主体溶液向电极表面扩散。如除上述扩散运动外，不存在其他质量传递过程，则电解电流与 M 的浓差梯度成正比，即：

$$I=K(c-c_0) \tag{10-1}$$

当电解电压继续增加超过 d 点后，如图 de 段，滴汞电极的电位更负时，电极反应加快，使电极表面的金属离子浓度 c_0 趋近于零，此时达到极限扩散电流，即电流大小只取决于金属离子从溶液主体向电极表面的扩散，即使滴汞电极电位移向更负方向，电流也不再增大。所以，在极限扩散电流状态下，电流与金属离子在主体溶液中的浓度成正比，即

$$I_d=Kc \tag{10-2}$$

该式为极谱法定量分析的基础，其中 I_d 为极限扩散电流；K 值与实验条件有关，在底液、温度、毛细管特性以及汞压等保持不变的情况下，K 为一常数。

对应于扩散电流一半处（图 10-1 中 c 点）的电位值称为半波电位（$E_{1/2}$），其数值大小与被还原离子的自身性质和所处的溶液体系有关，与待测还原离子的浓度无关，因此半波电位是进行极谱定性分析的基础。

常用的极谱与伏安分析方法有单扫描极谱法、线性扫描极谱法、脉冲极谱法、循环伏安法、溶出伏安法等，其中溶出伏安法又分为阳极溶出伏安法和阴极溶出伏安法。

10.2　伏安分析仪的结构

10.2.1　极谱分析仪

极谱分析仪是根据物质电解时所得到的电流-电压曲线，对电解质溶液中不同离子含量进行定性及定量分析的一种电化学分析仪器。目前常用仪器为成都仪器厂生产的 JP-303 型极谱分析仪。

（1）仪器结构

JP-303 型极谱分析仪由主机、显示器及电极系统等部件组成，如图 10-2 所示。

（2）JP-303 型极谱分析仪主要性能指标如下：

① 灵敏度：＜5×10mol/L（线性扫描极谱法）；

② 分辨率：＜30mV；

③ 重复性误差：＜0.5%；

④ 量程转换误差：＜0.5%；

⑤ 极谱电流范围：100μA～15nA；

⑥ 极化电位范围：－4000～＋4000mV，最小调节量 2mV；

⑦ 扫描电压速度：50～1000mV/s，无级调节；

⑧ 扫描电压幅度：0～100mV，最小调节量 2mV；

⑨ 扫描周期：1～1000s，无级调节；

⑩ 显示分辨率：720×360dpi；

⑪ 工作环境：工作温度 15～35℃，工作湿度≤75%；

⑫ 电源：220×(1±10%)V。

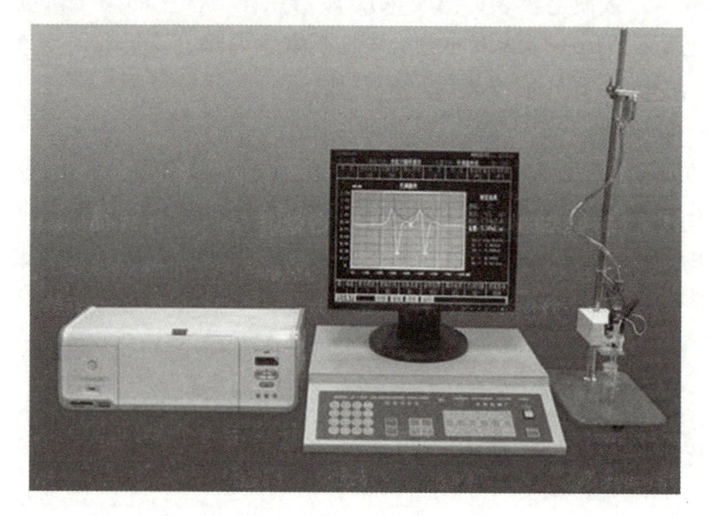

图 10-2　JP-303 型极谱分析仪

极谱分析原理及仪器

10.2.2　电化学工作站

电化学工作站是由电脑控制的多功能电化学分析系统。仪器内含快速数字信号发生器，用于高频交流阻抗测量的直接数字信号合成器，双通道高速数据采集系统，电位电流信号滤波器，多级信号增益，*IR* 降补偿电路以及恒电位仪/恒电流仪。

CHI 660E 型电化学工作站集成了几乎所有常用的电化学测量技术，包括恒电位、恒电流、电位扫描、电流扫描、电位阶跃、电流阶跃、脉冲、方波、交流伏安法、流体力学调制伏安法、库仑法、电位法、交流阻抗等，可以进行各种电化学常数的测量。

(1) 仪器结构

CHI 660E 电化学工作站整机由电化学工作站、微机和三电极系统组成，如图 10-3 和图 10-4 所示。

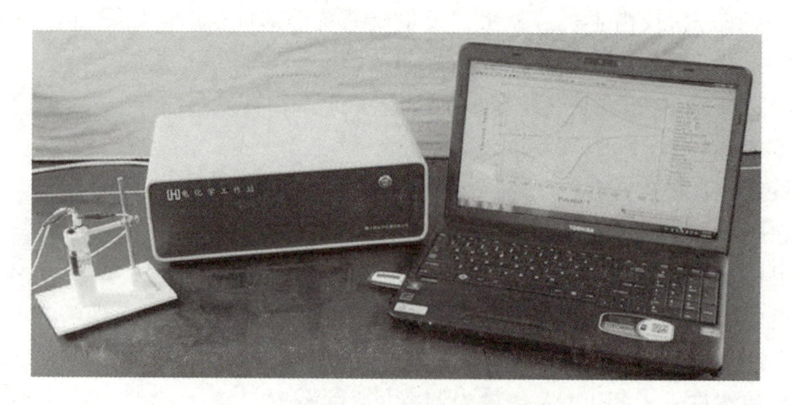

图 10-3　CHI 660E 型电化学工作站

(2) 仪器性能

① 控制电位范围：−10～10V；

② 电流范围：−350～350mA；

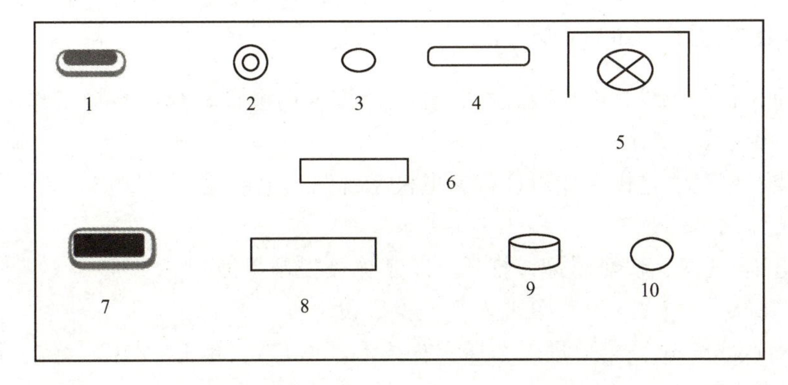

图 10-4 CHI 660E 电化学工作站背面

1—开关；2—接地；3—RDE；4—信号；5—风扇；6—USB 接口；7—电源线接头；
8—串行口；9—电解池控制；10—电机线

③ 上升时间：<2ms；

④ 适用体系：二、三、四电极系统；

⑤ 电位分辨率：0.1mV；

⑥ 主采样速率：500kHz；

⑦ 电流下限：<10pA；

⑧ 具有电流、电位自动或手动滤波功能，自动或手动 *IR* 补偿功能，自动调零功能等。

10.3 伏安分析仪的使用方法

10.3.1 极谱分析仪的操作方法

（1）操作步骤

① 准备：将汞池升高到一定位置，把电极系统安装好，汞滴的自由滴落周期应大于 8s，通电。

② 开机。

③ 新建测试方法：选择厂家提供的方法，自己预置参数进行实验。

④ 测量：按“运行”键启动仪器开始测量；测量结束后按“YES”键进行数据处理，获得波峰数据。

⑤ 仪器复原：仪器使用结束后，把电极冲洗干净，用滤纸擦干，让汞滴低落几滴后将储汞瓶降至预置高度，使毛细管保留一滴不再低落的汞滴，将毛细管浸入蒸馏水保存。

⑥ 计算。

（2）注意事项

① 本仪器必须设专人管理，实行专管共用，使用人员必须经专门培训。

② 仪器正常使用环境：室内空气流通、清洁、干燥、无腐蚀性气体、避免日光直射。

③ 严格遵守操作规程，如仪器出现故障应马上切断电源，查明原因及时修理，不得擅自修理，并作好有关记录。

④ 严禁频繁开关机，以免损坏电源，并必须装有良好的接地线。

10.3.2 电化学工作站的操作方法

① 使用前先将电源线、电极线连接；红夹线接辅助电极，绿夹线接工作电极，白夹线接参比电极，黑夹线接地。

② 电源线、电极线连接完成后，将三电极系统插入电解池。

③ 打开工作站电源开关。

④ 双击电脑“CH”快捷图标，打开 CH 工作站控制界面。

⑤ 单击“Setup/System”菜单进入系统参数设定。

⑥ 单击“Technique”菜单进入选择实验技术，如 CV，单击“OK”弹出对话框，输入设置参数。

⑦ 单击“Graphics”图形显示菜单，选择显示项目，如数据显示的方式、字体、颜色等。

⑧ 单击“DataProc”数据处理菜单，选择数据处理项目，如平滑、导数、积分等。

⑨ 单击“Control”控制菜单的“Run Experiment”，运行设定的实验。

⑩ 实验结束，单击保存图标，保存实验结果。

10.4 实验内容

实验 36 循环伏安法测定电极反应参数

【实验目的】

1. 学习固体电极表面的处理方法。
2. 掌握电化学工作站的使用技术。
3. 学习循环伏安法测定电极反应参数的基本原理。

【实验原理】

循环伏安法（cyclic voltammetry，CV）是最重要的电化学分析方法之一，在电化学、无机材料、有机高分子及生物化学等研究领域被广泛应用。这种方法所用仪器简单、操作方便、图解析直观，通常是研究物质电化学活性的首选实验方法。

循环伏安法又称三角波电位扫描法，是在工作电极和参比电极之间施加三角波线性变化的循环电压，线性扫描电位至某设定值后，再反向回扫至原来的起始电位，以所得的电流-电位曲线为基础的一种分析方法，其电位与扫描时间关系如图 10-5 所示。如果前半部分（电压上升部分）扫描为还原态物质在电极上被氧化的阳极过程，则后半部分（电压下降部分）扫描为氧化产物被还原的阴极过程。因此，一次三角波扫描完成一个氧化和还原过程的循环，故称为循环伏安法。其电流-电位曲线如图 10-6 所示。

循环伏安法通常使用三电极系统，一个工作电极（被研究物质发生反应的电极），一个参比电极，一个辅助电极（对电极）。从循环伏安曲线可获得氧化峰电流 I_{pa} 与还原峰电流 I_{pc}，氧化峰电位 E_{pa} 与还原峰电位 E_{pc} 等数据。

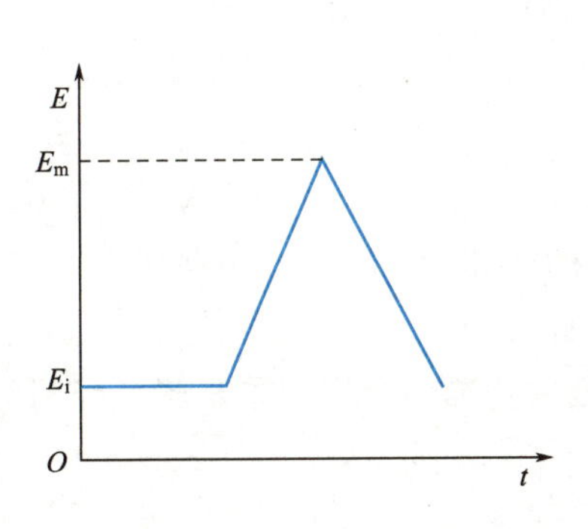

图 10-5　循环伏安法电位与扫描时间关系

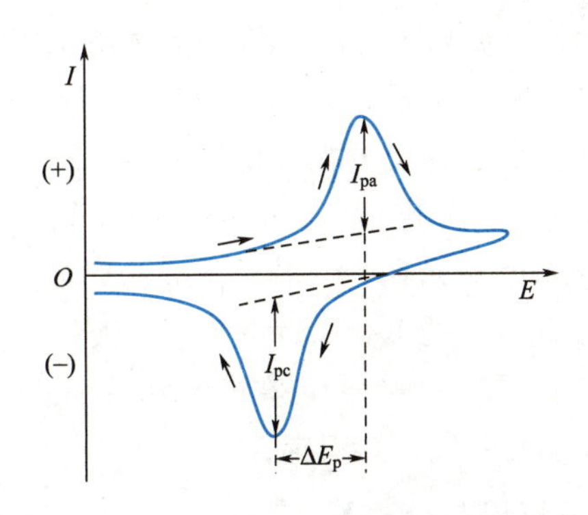

图 10-6　循环伏安法电流-电位曲线

对于可逆电极过程，如铁氰化钾体系：

$$K_3[Fe(CN)_6]+e^- \rightleftharpoons K_4[Fe(CN)_6]$$

E_{pa}与E_{pc}、I_{pa}与I_{pc}之间应满足下列关系：

峰电流之比为：

$$\frac{I_{pa}}{I_{pc}} \approx 1$$

两电位之差为：

$$\Delta E_p = E_{pa} - E_{pc} \approx \frac{0.056}{n}$$

由以上两式可以判断电极过程的可逆性。

【仪器和试剂】

仪器：CHI 660E 电化学工作站；三电极系统（工作电极为金圆盘电极、铂圆盘电极或玻碳电极；辅助电极为铂电极；参比电极为饱和甘汞电极或银-氯化银电极）；10mL 具塞试管；小烧杯；吸量管（或移液枪）；洗耳球；滤纸；蒸馏水。

试剂：1.0×10^{-3}mol/L 铁氰化钾标准溶液；1.0mol/L 氯化钾溶液；电极抛光材料。

【实验步骤】

1. 工作电极预处理

将圆盘电极（玻碳电极或金、铂圆盘电极）用 0.3μm 和 0.05μm 的 Al_2O_3 粉在麂皮上抛光（或用抛光机处理）至镜面，然后用 1∶1 硝酸、无水乙醇、蒸馏水、依次超声清洗 1～2min，备用。将打磨后的电极置于 10mmol/L $K_3[Fe(CN)_6]$ 溶液中进行循环伏安表征，当峰电位差小于 70mV 时，说明电极打磨干净。

2. 铁氰化钾试液的配制

准确移取 0.00mL、0.10mL、0.50mL、1.0mL 和 2.0mL 1.0×10^{-3}mol/L 的铁氰化钾标准溶液于 10mL 试管中，加入 1.0mol/L 的氯化钾溶液 1.0mL，再加蒸馏水稀释至体积为 10mL，即得 $K_3[Fe(CN)_6]$ 浓度分别为 0.00mol/L、1.00×10^{-5}mol/L、5.00×10^{-5}mol/L、1.00×10^{-4}mol/L、2.00×10^{-4}mol/L 和 KCl 浓度为 0.1mol/L 的待测液。

3. $K_3Fe(CN)_6$ 溶液的循环伏安曲线

在电解池中放入 5.00×10^{-5}mol/L $K_3[Fe(CN)_6]$ 溶液和 0.1mol/L KCl 溶液，插入三

电极，选择“循环伏安法”，并进行参数设置。

以扫描速率 50mV/s，在－0.20～＋0.80V 范围内扫描，记录循环伏安曲线。

4. 不同扫描速度的循环伏安曲线

以不同扫描速度 20mV/s、30mV/s，50mV/s，80mV/s，100mV/s，150mV/s 和 200mV/s 分别记录在－0.20～＋0.80V 范围内扫描的循环伏安曲线，并保存。

5. 不同浓度的 $K_3[Fe(CN)_6]$ 溶液的循环伏安曲线

以扫描速率 50mV/s，在－0.20～＋0.80V 范围内扫描，分别记录步骤 2 配制的测试溶液的循环伏安曲线，并保存。

【数据记录与处理】

1. 从 $K_3[Fe(CN)_6]$ 的循环伏安曲线读取相关数据填入下表，并说明 $K_3[Fe(CN)_6]$ 在 KCl 溶液中的可逆性。

数据	E_{pa}/V	I_{pa}/A	E_{pc}/V	I_{pc}/A	$\Delta E_p/V$	I_{pa}/I_{pc}
循环伏安法						

2. 分别以 I_{pa} 与 I_{pc} 对 $v^{1/2}$ 作图，说明峰电流与扫描速度之间的关系。

v/(V/s)	$v^{1/2}$	$I_{pa}/\mu A$	$I_{pc}/\mu A$

3. 分别以 I_{pa} 与 I_{pc} 对 c 作图，说明峰电流与 $K_3[Fe(CN)_6]$ 浓度之间的关系。

c/(mol/L)	$I_{pa}/\mu A$	$I_{pc}/\mu A$

【注意事项】

1. 指示电极表面必须仔细打磨并清洗干净，否则会对循环伏安曲线的形状产生严重影响。

2. 扫描过程中保持溶液静止。

【思考题】

1. 由循环伏安曲线可以获得哪些电极反应参数？从这些参数如何判断电极反应的可逆性？

2. 在三电极系统中，工作电极、参比电极和辅助电极各起什么作用？

实验 37 阳极溶出伏安法测定水样中铅、镉的含量

【实验目的】

1. 掌握阳极溶出伏安法的实验原理。
2. 掌握标准加入法进行定量分析的基本原理。
3. 了解微分脉冲伏安法的基本原理。

【实验原理】

溶出伏安法（stripping voltammetry）包含电解富集和电解溶出两个过程，其电流-电位曲线如图 10-7 所示。首先将工作电极固定在产生极限电流的电位上进行电解，使待测物质富集在电极上。经过一定时间的富集后，停止搅拌，再逐渐改变工作电极电位，电位变化的方向应使电极反应与上述富集过程电极反应相反。记录所得的电流-电位曲线，称为溶出曲线，呈峰状，峰电流的大小与待测物质的浓度有关。电解时工作电极作为阴极进行富集，作为阳极进行溶出，称为阳极溶出伏安法；反之当工作电极作为阳极进行富集，作为阴极进行溶出时，称为阴极溶出伏安法。溶出伏安法具有很高的灵敏度，对某些金属离子或有机物的检测可达 10^{-10}～10^{-15} mol/L。因此，溶出伏安法在痕量分析中应用非常广泛。

例如，在盐酸介质中测定痕量铅、镉时，先将悬汞电极的电位固定在－1.0V，电解一定时间，此时溶液中的一部分铅、镉在电极上被还原，并生成汞齐，富集在悬滴上。电解完毕后，使悬汞电极的电位均匀地由负向正变化，首先达到可以使镉汞齐氧化的电位，这时，由于镉的氧化，产生氧化电流。当电位继续变正时，由于电极表面层中的镉已被氧化得差不多了，而电极内部的镉来不及扩散，所以电流会迅速减小，从而形成峰状的溶出伏安曲线。同样，当悬汞电极的电位继续变正，达到铅汞齐的氧化电位时，也得到相应的溶出峰，如图 10-8所示。其峰电流与待测物质的浓度成正比，这是溶出伏安法定量分析的基础。

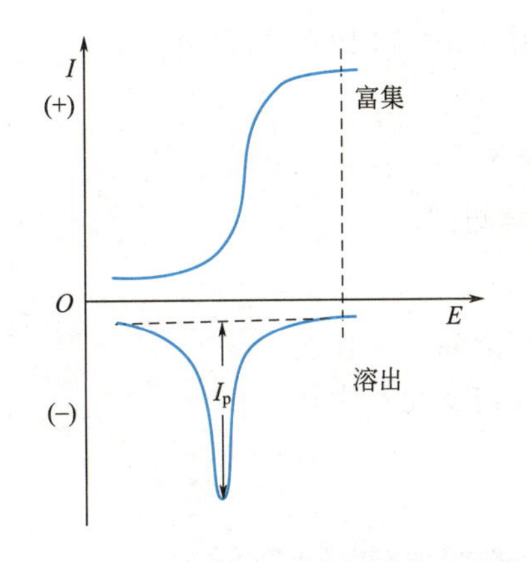

图 10-7 溶出伏安法富集和溶出过程的电流-电位曲线

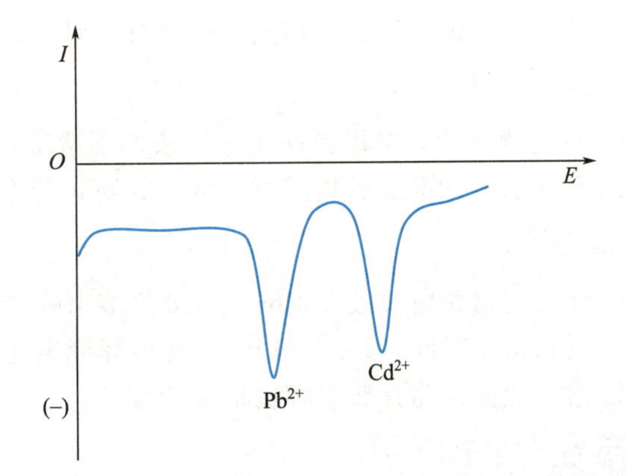

图 10-8 盐酸介质中铅、镉离子的溶出伏安曲线

【仪器与试剂】

仪器：CHI 660E 电化学工作站；玻碳电极；铂丝对电极；饱和甘汞参比电极；超声波

清洗器；微量移液器；电磁搅拌器等。

试剂：1.0×10^{-2} mol/L Hg^{2+}标准溶液；1.0×10^{-2} mol/L Pb^{2+}标准溶液；1.0×10^{-2} mol/L Cd^{2+}标准溶液去离子水；水样。

【实验步骤】

1. 电极预处理。同实验 36 中的电极预处理。

2. 向 10mL 小烧杯中，加入 300μL 1mol/L HCl、100μL Hg^{2+}标准溶液，再依次加入 4.00mL 水样和 5.60mL 去离子水，置于电磁搅拌器上搅拌 1min。

3. 设置微分脉冲溶出伏安法相关参数，并运行，获得−1.0～0V 的溶出伏安曲线，记录其溶出峰峰电流和溶出峰峰电位。参考实验参数如下：

富集电位为−1.0V；富集时间为 30s；扫描速度为 100mV/s，扫描范围为−1.0～+0.1V；氧化清洗电位及时间分别+0.1V、30s。

4. 向试样中加入 10μL Cd^{2+}和 10μL Pb^{2+}标准溶液，搅拌 1min，测得其溶出峰峰电位和溶出峰峰电流。

5. 按照步骤 3 操作，分别再加两次 Pb^{2+}、Cd^{2+}标准溶液，获得相应的溶出峰峰电位和溶出峰峰电流。

6. 绘制标准加入法的工作曲线，计算水样中 Cd^{2+}和 Pb^{2+}的含量。

7. 实验结束，整理实验数据后离开实验室。

【数据记录与处理】

1. 参照以下表格记录实验数据。

	Cd^{2+}的测定		Pb^{2+}的测定	
	峰电流/μA	峰电位/V	峰电流/μA	峰电位/V
试样				
标样(第一次加)				
标样(第二次加)				
标样(第三次加)				

2. 绘制标准加入法的工作曲线，并分别计算水样中 Cd^{2+}和 Pb^{2+}的含量。

【注意事项】

1. 每次测试后，电极要在正电位条件下清洗。

2. 每次加入标准液后均需搅拌混匀，再进行电化学测试。

【思考题】

1. 能否把富集电位改在 Pb^{2+}、Cd^{2+}溶出峰峰电位之间？为什么？

2. 延长富集时间，Cd^{2+}和 Pb^{2+}溶出峰峰电流会如何变化？为什么？

3. 溶出伏安法为什么有较高的灵敏度？

实验 38 对苯二酚的电化学行为研究

【实验目的】

1. 了解对苯二酚的危害，学会利用电化学方法测定对苯二酚。

2. 熟悉 CHI 660E 电化学工作站和酸度计的使用。

3. 通过实验数据分析对苯二酚的测定机理。

【实验原理】

对苯二酚是重要的化工原料，具有较大的毒性，对人体和环境都有很大的危害，因而对苯二酚的检测一直是生物化学和电化学领域的重要研究课题之一。对苯二酚具有电化学活性，容易被氧化，因此可以用电化学方法进行检测，其结构式如图 10-9 所示。

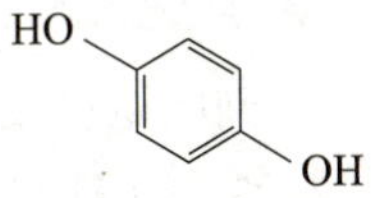

HO—C₆H₄—OH

图 10-9 对苯二酚结构式

【仪器与试剂】

仪器：CHI 660E 电化学工作站；玻碳电极；铂丝辅助电极和 Ag/AgCl 参比电极组成的电极系统；10mL 电解池；移液枪；磁力搅拌器等。

试剂：0.100mol/L、1.00×10^{-2}mol/L、1.00×10^{-3}mol/L 对苯二酚溶液；2.0×10^{-2}mol/L 铁氰化钾溶液；1.0mol/L 硝酸钾溶液；磷酸盐（PBS）缓冲溶液。

【实验步骤】

1. 电极的预处理

玻碳电极的预处理方法同实验 36。

2. 循环伏安曲线的绘制

① 在 10mL 电解池中，准确加入 10.00mL pH 6.0 PBS 缓冲溶液，加入 100μL 1.0×10^{-3}mol/L 对苯二酚溶液，搅拌均匀。

② 将三电极体系放入上述溶液中，在 0.2～0.4V 的扫描电位范围内，以 50mV/s 的扫描速度进行循环伏安扫描，得到循环伏安曲线。

3. pH 的影响

固定对苯二酚的浓度为 1.0×10^{-5}mol/L，改变向电解池中加入的 PBS 缓冲溶液的 pH，记录其循环伏安曲线。根据峰电流的大小，选择最佳 pH。

4. 扫描速度的影响

在最佳 pH 下，固定对苯二酚的浓度为 1.0×10^{-5}mol/L，逐一变化扫描速度 20mV/s、50mV/s、100mV/s、125mV/s、150mV/s、175mV/s、200mV/s 进行测量，在完成每一个扫描速度的测定后，要轻轻搅拌电解池的试液，使电极附近溶液恢复至初始条件，并记录循环伏安曲线。

5. 测量技术的选择

在最佳 pH 下，固定对苯二酚的浓度为 1.0×10^{-5}mol/L，以 50mV/s 的扫描速度，分别进行方波伏安法（SWV）、微分脉冲伏安法（DPV）和线性扫描伏安法（LSV）的扫描，并记录其图形，根据峰电流的大小和峰形进行测量条件的选择。

6. 工作曲线的绘制

在最佳 pH 下，固定加入电解池中 PBS 缓冲溶液的量，通过移液枪改变加入的对苯二酚的量，在 1.00×10^{-5}～2.50×10^{-3}mol/L 范围内选取 8～10 个不同浓度的对苯二酚溶液，以 50mV/s 的扫描速度分别进行扫描，并记录其图形。根据峰电流的大小，绘制工作曲线，并确定工作曲线的线性范围。

7. 未知液的测定

取 100μL 未知液于 10mL 干燥电解池中，加入 10.00mL 最佳 pH 的 PBS 缓冲溶液底液，加入干净的搅拌磁子，用选用的最佳测量条件测量其峰电流，利用工作曲线法计算未知液中对苯二酚的浓度。

【数据记录与处理】

1. 判断电极反应的可逆性。
2. 绘制 pH 对峰电流影响的曲线，选取 PBS 缓冲溶液的最佳 pH。
3. 根据所得数据和现象判断电极反应是受吸附控制还是受扩散控制，并说理由。

【注意事项】

1. 对苯二酚有毒，使用时要注意安全并做好防护。
2. 测试体系加入对苯二酚后，要搅拌均匀后再进行测试。

【思考题】

1. 电极预处理过程中，通过什么数据表明电极预处理成功？
2. 对苯二酚在电极表面发生的反应是什么？
3. 测定对苯二酚时，工作曲线的线性范围是多少？所测定的未知样中对苯二酚的浓度是多少？

实验 39 恒电位电解法制备金膜电极

【实验目的】

1. 掌握恒电位电解法的原理。
2. 掌握金膜电极的制备方法和特点。

【实验原理】

由于 $AuCl_4^-/Au$ 的析出电位约为 +0.4V（*vs.* SHE），可将工作电极置于含氯金酸（$HAuCl_4$）的溶液中，控制电位在 +0.4V，进行恒电位电解一定时间，在工作电极上可沉积一层金膜，电极反应为：

$$AuCl_4^- + 3e^- = Au + 4Cl^-$$

电解时间决定了金膜的厚度，电解电流决定了金膜的致密程度，因此需对电解时间和电解电流进行优化，以得到电化学性能最优的金膜电极。

金膜电极的电化学性能可用循环伏安法在 $K_3[Fe(CN)_6]$ 体系中进行考查，若峰电位差越接近 64mV，氧化还原峰电流比值越接近于 1，且峰电流值越大，则所制得的金膜电极性能越好。

【仪器与试剂】

仪器：CHI 660E 型电化学工作站；玻碳电极；饱和甘汞电极；铂电极。

试剂：电极抛光材料；氯化钾溶液（0.5mol/L）；$K_3[Fe(CN)_6]$（0.2mol/L）；1∶1 硝酸；磷酸盐（PBS）缓冲溶液（0.1mol/L）；无水乙醇；超纯水。

Au(Ⅲ) 溶液（9.6mmol/L）：称取 1.000g 的 $HAuCl_4 \cdot 4H_2O$，用超纯水溶解后移入 250mL 容量瓶中，用超纯水定容至刻度，摇匀，装入试剂瓶中，在 0℃下密封保存备用。

镀金液：取 2mL 9.6mmol/L 的 Au(Ⅲ) 溶液（$AuCl_4^-$）溶于 17mL 0.1mol/L 的 PBS

缓冲溶液配制而成。

【实验步骤】

1. 工作电极预处理：处理方法同实验 36。

2. 打开仪器，连接好三电极。选择循环伏安法，按如下参数设置仪器。

灵敏度：10μA/V；滤波参数：10Hz；初始电位：+0.600V；高电位：+0.600V；低电位：−0.200V；扫描速度：0.2V/s；循环次数：5。

3. 记录该方法循环伏安曲线，保存，根据所得到的循环伏安图中的电极参数判断玻碳电极表面是否达到要求，峰电位差在 80mV 以下，并尽可能接近 64mV，电极方可使用，否则要重新处理电极，直到符合要求。最后，将刚预处理过的玻碳电极用超纯水清洗，并用氮气吹干，备用。

4. 将处理好的玻碳电极及参比电极（饱和甘汞电极）、辅助电极（铂电极）置于镀金液中，选择“恒电位技术”中的电位溶出 E-t 曲线，设置参数，并对玻碳电极进行镀金。实验参数参照如下：

灵敏度：10μA/V；滤波参数：10Hz；初始电位：+0.300V；电沉积电位：+0.450V；电沉积时间：60s；平衡时间：10s。

5. 将镀好的“金膜电极”用高纯水清洗干净后，置于 $K_3[Fe(CN)_6]$ 体系中，按步骤 4 实验参数进行设置，考察并记录氧化还原峰电位及峰电流。

6. 改变时间分别为 1min、3min、5min 和 7min，重复 4、5 步骤。

7. 确定选出金膜电极制备的最佳电解时间。

【数据记录与处理】

1. 电解时间对金膜电极循环伏安特性的影响。

时间/min	E_{pa}/V	I_{pa}/μA	E_{pc}/V	I_{pc}/μA	ΔE_p/V	I_{pa}/I_{pc}
1						
3						
5						
7						

2. 确定金膜电极制备的最佳电解时间。

【注意事项】

金膜与玻碳电极的结合力较小，较容易划伤，因此在清洗金膜电极表面时要小心，需用滤纸吸干，不能擦干。

【思考题】

1. 为什么随着电解时间的增长，金膜电极在 $K_3[Fe(CN)_6]$ 体系中的峰电流先增大后减小？

2. 恒电位电解的电流大小会对金膜电极的哪些性质产生影响？

实验40 金膜电极差分脉冲溶出伏安法测定水样中的砷（Ⅲ）

【实验目的】

1. 熟悉差分脉冲溶出伏安法的基本原理。
2. 掌握差分脉冲溶出伏安法测定砷的方法。

【实验原理】

在水中无机砷的主要形式是五价砷离子［As(Ⅴ)，$H_2AsO_4^-$ 或 $H_2AsO_4^{2-}$］和三价砷离子［As(Ⅲ)，H_2AsO_3］，其中三价砷是污染水体与危害人类健康的重要重金属污染物之一。及时掌握和控制污水和环境水体中三价砷的含量，对工业废水和生活污水的防治及人类健康都具有极其重要的意义。

采用差分脉冲溶出伏安法进行砷离子的测定，该方法操作简单且耗时较短，主要分为两步。第一步为“预电解”：即施加一个较负的电位使金属发生还原反应而沉积，用控制电位电解法将被测离子富集在工作电极，为了提高富集效果，可充分搅拌溶液，富集后，停止搅拌，静置30s，使沉积物在电极上均匀分布。第二步为“溶出”：即在工作电极上施加一个较正的电位，由负极向正极扫描，金属发生氧化反应重新变为金属离子；从而在这个过程中得到一个灵敏的溶出伏安峰。

富集：
$$As^{3+}+3e^- \longrightarrow As$$

溶出：
$$As \longrightarrow As^{3+}+3e^-$$

金比较适合作电极材料，由于它的高氢过电位，在处理含砷试样时能够解决氢气的问题，具有操作简便、灵敏度高、无毒、金膜易除去以及不会造成环境污染等方面的优点，但价格昂贵，能够在食品、药品、环境监测等领域得到应用。所测定的金属主要有锌、铅、镉、砷、铜、锑等。

【仪器与试剂】

仪器：电化学工作站；金膜电极；饱和甘汞电极；铂电极；10mL 比色管；磁力搅拌器等。

试剂：砷标准储备液（1.0μg/mL），使用时用蒸馏水逐级稀释至所需浓度；乙酸-乙酸钠缓冲溶液（0.1mol/L，pH=4.5）；2.0mg/L 亚硫酸钠溶液；蒸馏水。

【实验步骤】

1. 砷标准溶液的配制。分别移取 0.1mL、0.4mL、0.8mL、1.2mL、1.6mL、2.0mL 1.0μg/mL 的砷标准储备液于 10mL 比色管中，加入 4.5mL 0.1mol/L 的乙酸-乙酸钠缓冲溶液和 200μL 的 2mg/L 的亚硫酸钠溶液，用蒸馏水定容至刻度，摇匀。得到浓度分别为 10μg/L、40μg/L、80μg/L、120μg/L、160μg/L、200μg/L 的砷标准溶液。

2. 以镀金膜电极为工作电极，饱和甘汞电极为参比电极，铂电极为辅助电极的三电极体系，采用差分脉冲溶出伏安法从低浓度到高浓度依次扫描上述砷标准溶液，记录 As^{3+} 的溶出峰电流及有关数据，实验参数可参考表 10-1 进行设置。

表 10-1　差分脉冲溶出伏安法测 As^{3+} 实验参数

参数	数值	参数	数值
灵敏度/μA	10	电位增量/V	0.01000
滤波参数/Hz	10	脉冲电压/V	0.05000
放大倍数	1	脉冲宽度/s	0.50000
初始电位/V	−0.15000	脉冲间隔/s	0.50000
电沉积电位/V	−0.50000	电沉积时间/s	180
终止电位/V	0.30000	平衡时间/s	30
清洗电位/V	0.30000	清洗时间/s	40

3. 移取待测液 1.00mL 于 10mL 比色管中，加入 4.5mL 0.1mol/L 的乙酸-乙酸钠缓冲溶液和 200μL 2.0mg/L 的亚硫酸钠溶液，用蒸馏水定容至刻度，摇匀，配成未知液，在上述条件下测定未知液的峰电流。

4. 根据标准溶液的浓度和峰电流制作标准曲线。并根据未知液峰电流确定未知液浓度。

【数据记录与处理】

1. 各标准溶液中 As^{3+} 的溶出峰电流记录表。

浓度/(μg/L)	10	40	80	120	160	200
峰位值/V						
峰电流/μA						
未知液峰电流/μA						

2. 制作 As^{3+} 浓度-峰电流标准曲线，在曲线上确定未知液浓度，并根据未知液浓度计算待测液浓度。

【注意事项】

1. 避免金膜电极表面与其他物体的接触而损坏电极。

2. 更换不同测定液时要注意电极的清洗。

【思考题】

1. 溶出伏安法有哪些特点？哪几步实验应该严格控制？

2. 为了获得重现性好的测定结果，实验中哪些方面应多加注意？

实验 41　聚苯胺修饰电极的制备及应用（设计实验）

【实验目的】

1. 学习电极表面聚合物修饰的实验原理和方法。

2. 熟悉电极表面修饰的实验技术。

3. 培养查阅文献，设计实验方案和解决实际问题的基本科研能力和素质。

【实验要求】

1. 学习修饰电极的基本原理和应用，选择苯胺为单体，通过循环伏安法进行惰性电极的表面聚合修饰，实现电极的高选择性和高灵敏度。

2. 优化聚合物修饰的实验条件，制备合适的修饰电极。根据修饰电极的结构特征，选择分析物进行电极的应用研究，建立定量分析方法并进行方法的考察，包括研究修饰电极的稳定性和重现性，以及定量分析方法的选择性、准确度和灵敏度等。

3. 实验报告包括实验目的、实验原理、仪器与试剂、实验步骤、数据记录与处理、注意事项及思考题等。

【实验提示】

参考相关文献，了解修饰电极的种类、制备方法和基本应用。重点学习聚合物表面修饰电极的聚合制备过程，包括溶液组成和循环次数等。

10.5 拓展内容

(1) 极谱法的发明者——海洛夫斯基

雅罗斯拉夫·海洛夫斯基(1890.12—1967.3)，捷克斯洛伐克化学家，1914 年获伦敦大学理学学士学位，1918 年获该校哲学博士学位。1922 年海洛夫斯基以发明极谱法而闻名于世。1924 年与日本科学家志方益三合作，制造了第一台极谱仪。1941 年海洛夫斯基将极谱仪与示波器联用，提出示波极谱法，著有《极谱法在实用化学中的应用》(1933) 和《极谱学》(1941) 等。海洛夫斯基因发明和发展极谱法而荣获 1959 年诺贝尔化学奖。

(2) 极谱分析法的应用

铅是一种具有蓄积性的有害元素，不是人体必需的微量元素。而食品中的铅是体内铅的主要来源。隶属于由联合国粮食及农业组织 (FAO) 和世界卫生组织 (WHO) 共同建立的国际食品法典委员会 (CAC) 的食品添加剂和污染物联合专家委员会 (JECFA)，建议暂定每周耐受摄入量 (PTWI) 为 25μg/(kg·bw)，以人体重 60kg 计，即每人每日允许摄入量为 214μg。为了控制人体铅的摄入量，在食品监督领域中列为重要监测项目。单扫极谱法作为标准方法 (五) 被收录于中华人民共和国国家标准《食品中铅的测定》(GB/T 5009.12—2003)。

第11章 气相色谱法

11.1 气相色谱法的基本原理

气相色谱法（gas chromatography，GC）是一种以气体为流动相的分离技术。当混合物被流动相携带进入色谱柱后，组分就会与柱内的固定相（固定不动）发生作用，当两相做相对运动时，组分则在流动相和固定相之间进行分配。各组分结构和性质的差异导致组分与固定相相互作用的大小、强弱均不相同，即不同组分在两相中的分配系数不同。分配系数较大的组分被固定相溶解或吸附的能力强，在色谱柱中移动的速度较慢，滞留的时间较长，从而后流出色谱柱。相反，分配系数较小的组分会先流出色谱柱。因而，通过选择合适的固定相和其他色谱操作条件，可使分配系数有一定差异的混合组分按照一定的顺序先后从色谱柱中流出，得以分离。根据各组分出峰的时间和色谱峰的强度来进行定性分析和定量分析。

分配系数是指在一定温度下，组分在两相之间分配达平衡时的浓度比，表示为：

$$K=\frac{\text{组分在固定相中的浓度}}{\text{组分在流动相中的浓度}}=\frac{c_S}{c_M}$$

分配比则是在一定温度、压力下，组分在两相间达到分配平衡时的质量比 k。

$$k=\frac{m_S}{m_M}$$

分配比与分配系数的关系为：

$$K=\frac{c_S}{c_M}=\frac{m_S/MV_S}{m_M/MV_M}=k\ \frac{V_M}{V_S}=k\cdot\beta$$

V_M与V_S之比称为相比，用β表示。填充柱的β值为6～35，毛细管柱的β值为50～1500。

气相色谱法具有分离效率高、分析速度快、检测灵敏度高且选择性好等优点，可用于分离和分析恒沸混合物、某些同位素、顺式与反式异构体、旋光异构体等，因而在石油化工、医药卫生、环境监测、生物化学、食品检测等领域都得到了广泛的应用。

11.2 气相色谱仪的结构

气相色谱仪由六部分组成：载气系统、进样系统、分离系统、检测系统、数据处理系统和温度控制系统，其流程简图见图11-1。

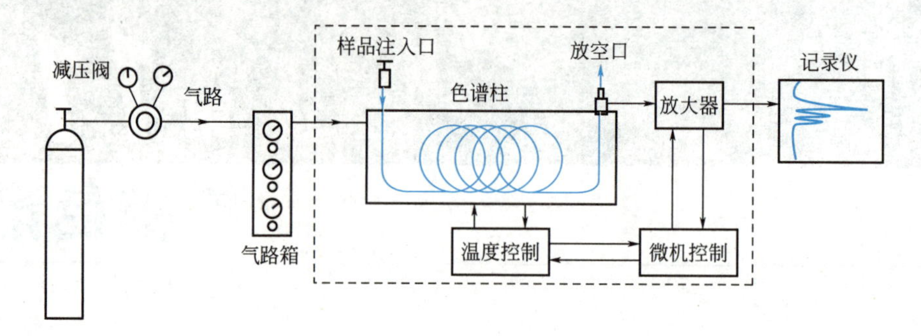

图 11-1 气相色谱仪流程简图

气相色谱法工作原理

气相色谱仪结构

11.2.1 载气系统

转子流量计

载气系统包括气源、气体净化装置和气体流量控制部件。载气由高压钢瓶或气体发生器供给，经气体净化装置除去水、氧等有害杂质后，流经稳压阀或自动流量控制装置，进入汽化室、色谱柱、检测器后放空。常用的载气有氢气、氮气。

11.2.2 进样系统

进样系统包括进样器和汽化室两部分。要想获得理想的分离效果，进样速度要极快，且要保证试样在汽化室内瞬间汽化。

(1) 注射器

气相色谱仪手动进样

注射器可用于热稳定的气体和沸点一般在 500℃以下的液体试样的进样。微量注射器种类繁多，可根据试样性质选用不同的注射器，且最好是在注射器的最大容量下使用。

(2) 液体自动进样器

用于液体试样的进样，可以实现自动化操作，降低人为的进样误差，减少人工操作成本。适用于批量试样的分析。

(3) 气体进样阀

气体试样采用阀进样。进样阀不仅定量重复性好，而且可以与环境空气隔离，避免空气对试样的污染。采用阀进样系统可以进行多柱多阀的组合，从而进行一些特殊分析。气体进样阀的样品定量管体积一般在 0.25mL 以上。

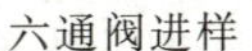
六通阀进样

分流进样器

顶空进样器

（4）分流进样器

毛细管柱由于其内径细、固定液膜薄，因而试样容量较小，气体试样为 10^{-7}mL，液体试样为 10^{-3}～$10^{-2}$$\mu$L。如此小的试样量需要用分流进样技术，即在汽化器出口将载气分成两路，一路放空，另一路使小部分试样进入色谱柱。

（5）顶空进样器

主要用于固体、半固体、液体试样基质中挥发性有机化合物的分析，如水中挥发性有机物、茶叶中香气成分、合成高分子材料中残留单体的分析等。

11.2.3　分离系统

分离系统主要指色谱柱，色谱柱由柱管和固定相组成，是色谱仪的核心部件，通常有两类：填充柱和毛细管柱。常用的柱管材料为不锈钢、玻璃或石英，而固定相是色谱分离的关键部分。试样中各组分分离的程度主要取决于固定液的选择。

固定液的选择基本是遵照“相似相容”原则。实际工作中的试样往往比较复杂，因此有时无严格规律。在充分了解试样性质的基础上，可根据经验或文献资料，尽量选择与试样组分有某些相似性的固定液，以得到良好的分离效果。

11.2.4　检测系统

检测系统主要指检测器。检测器的作用是将经色谱柱分离后各组分的含量转变为可测量的电信号，再经放大后输入记录装置，并对被分离物质的组成和含量进行鉴定和定量，是色谱仪的“眼睛”。根据检测原理不同可将检测器分为浓度型检测器（如热导检测器）和质量型检测器（如氢火焰离子化检测器）两类。

热导检测器（TCD）的工作原理是基于不同组分与载气具有不同的导热系数，因而传导热的能力不同，输出的信号强弱是进入检测器组分浓度的函数。热导检测器通用性好，几乎对所有的物质都有响应，且在检测过程中不破坏试样，可用于制备也可与其他鉴定技术联用，但其灵敏度不够理想。

TCD

FID

FPD

NPD

ECD

氢火焰检测器（FID）对有机化合物有较高的灵敏度，可以检测 10^{-11}g，其响应值与单位时间内进入检测器的组分量成正比。FID 是一种选择型检测器，对在氢焰中不电离的无机

化合物，例如永久性气体、水、一氧化碳、二氧化碳、氮的氧化物等，几乎不产生信号。另外，还有火焰光度检测器（FPD）、氮磷检测器（NPD）、电子俘获检测器（ECD）等。

11.2.5 数据处理系统

数据处理系统最基本的功能是记录检测器输出的模拟信号随时间的变化关系，即对测定数据进行采集和处理。

11.2.6 温度控制系统

在气相色谱仪中，温度控制系统是必不可少的部件，因为温度对色谱柱的分离效能、检测器的灵敏度和稳定性等均有较大影响。

11.3 气相色谱仪的使用方法

气相色谱仪有多种型号，其质量和性能不尽相同，但使用方法和步骤大致如下：

① 准备工作：包括连接气路管线、安装色谱柱和电源线等；

② 开启气源：依次打开载气、空气发生器、氢气，并调整各路气体的流速至需要的值；

③ 开机：打开色谱仪的电源开关；

④ 温度设定：根据具体的试样设定色谱柱、检测器及汽化室的温度；

⑤ 计算机启动及工作站设置：开启计算机，进入色谱工作站界面，根据具体实验要求进行相关设置后，待基线稳定即可开始进样；

⑥ 进样：待温度达到设定值且基线稳定后，取一定量试样注入汽化室中进行分析；

⑦ 关机：分析结束后，将色谱柱温度、检测器温度及汽化室温度设置为50℃，待温度降至设定值后，关闭色谱仪电源，最后再关闭载气。

11.4 实验内容

实验42 气相色谱基本操作练习

【实验目的】

1. 了解气相色谱仪的结构。
2. 学习气相色谱仪的使用方法和操作流程。
3. 学习热导检测器的使用方法。
4. 练习微量注射器的使用方法，初步掌握进样要领。

【实验原理】

正己烷经进样器注入汽化室汽化后，被载气（氢气）携带进入色谱柱，与柱内的固定相发生作用，因而部分被固定相吸附或溶解。当载气不断流过固定相时，被吸附或溶解的正己烷又被脱附或挥发到流动相中。随着载气的流动，正己烷在流动相和固定相之间进行反复多次的吸附（或溶解）、脱附（或挥发），经过一段时间后流出色谱柱。组分在色谱柱中滞留的时间称为保留时间（t_R）。

【仪器与试剂】

仪器：气相色谱仪；热导检测器；色谱柱；微量注射器（1μL）。

试剂：正己烷（AR）；氢气（纯度 99.99%以上）。

【实验步骤】

1. 通气：连接好色谱柱，确保气路系统密封，开启氢气钢瓶，调节减压阀和稳压阀以及稳流阀，使氢气流量约为 40mL/min。

2. 通电：开启色谱仪的电源开关，仪器开始进入自检程序，当仪器显示“系统自检通过”或其他类似字样时，表示自检通过，仪器状态正常，可以进入正常操作程序。

3. 升温：分别设定检测器、汽化室和色谱柱的温度为 80℃，并使仪器进行升温。当实际温度达到设定温度时，仪器进入稳定状态。

4. 热导池电流设置：设定热导检测器的桥电流为 100mA。

5. 进样练习：用微量注射器取 0.5μL 的正己烷注入汽化室中，在进样的同时按下遥控开关或谱图采集的按钮，进行图谱采集。

6. 保存谱图及数据：待出峰完毕后，选择终止命令或等分析时间达到预设的采集时间，仪器将停止对图谱信号的采集和处理。点击程序中相应的命令可查看和保存色谱图、实验数据等。

7. 关机：实验结束后，切断桥电流，再将色谱柱、检测器、汽化室的温度都设定为 50℃，待温度降至设定温度时，关闭主机的加热开关和总电源开关，最后关闭载气。

【数据记录与处理】

实验编号	死时间(t_M)/min	保留时间(t_R)/min
1		
2		
3		

【注意事项】

1. 实验开始时应先通载气，再开启电源，确保载气通过检测器后，再打开检测器的桥电流开关，实验结束时，应先关闭电源，再关闭载气。

2. 注射器内试样不能有气泡。

3. 进样速度尽量快。

【思考题】

1. 进样速度为什么要尽量快？如果进样速度较慢，会导致什么结果？

2. 桥电流过高或过低会导致何种结果？

3. 为什么要先通载气再开启桥电流？

4. 三次平行实验结果正己烷的保留时间是否相同？为什么？

实验 43 载气流速对色谱柱效能的影响

【实验目的】

1. 巩固塔板理论中塔板数和塔板高度的概念。
2. 加深对速率理论的理解。

【实验原理】

根据塔板理论，塔板数可通过下式计算：

气相色谱塔板理论

$$n=16\left(\frac{t_R}{Y}\right)^2$$

式中，t_R为保留时间；Y为色谱峰的宽度。

根据速率理论，塔板高度 H 可表示为

$$H=A+\frac{B}{u}+Cu$$

气相色谱速率理论

式中，A 为涡流扩散项；B 为分子扩散项；C 为传质阻力项；u 为载气的流速。由此可看出，u 较大时，第三项的传质阻力对塔板的影响较大；而 u 较小时，第二项分子扩散对塔板高度的贡献较大。因此，u 大小的选择存在矛盾。要使柱效最高，可选择最佳流速 u_{opt}，使 H 降至最低。

$$\frac{dH}{du}=-\frac{B}{u^2}+C=0$$

$$u_{opt}=\sqrt{\frac{B}{C}}$$

$$H_{min}=A+2\sqrt{BC}$$

由此可得到最多塔板数：

$$n_{max}=\frac{L}{H_{min}}$$

【仪器与试剂】

仪器：气相色谱仪；热导检测器；色谱柱；微量注射器（1μL）。

试剂：正己烷（AR）；氢气（纯度 99.99%以上）。

【实验步骤】

1. 开启氢气钢瓶，按照仪器操作说明书使其正常运行。
2. 设定汽化室、检测器和色谱柱温度为 80℃，桥电流为 120mA。
3. 注入 0.5μL 的正己烷，当出峰完毕后，再注入 0.1mL 空气，记录保留时间和流速。
4. 分别测定 5～7 个不同载气流速下环己烷的保留时间和色谱峰的宽度。
5. 实验结束后，切断桥电流，待色谱柱、检测器、汽化室的温度都降至 50℃时，关闭主机。

【数据记录与处理】

载气流速	保留时间	色谱峰宽度	理论塔板数	塔板高度

1. 根据保留时间和色谱峰的宽度，计算不同流速 u 下的塔板数 n。
2. 根据塔板数 n 计算不同流速下的塔板高度 H（设柱长为 1m）。
3. 绘制 H-u 曲线图，求出最佳流速和最小理论塔板高度。

【注意事项】

1. 实验时应先通载气，再开启电源，实验结束时，应先关闭电源，再切断载气。
2. 每调整一次载气流速，应待基线稳定后再进样分析。
3. 注意色谱峰峰底宽度的测量，也可用半峰宽进行计算。

【思考题】

1. 热导检测器应如何选择载气的种类？
2. 塔板数的高低说明什么问题？

实验 44　柱温对分离度的影响

【实验目的】

1. 进一步练习和掌握气相色谱仪的使用。
2. 巩固和掌握分离度的概念及计算方法。
3. 理解柱温对分离度的影响。

【实验原理】

根据塔板理论，塔板数越多，色谱柱效能越高，但同一色谱柱对于不同的组分，其塔板数是不相同的，且塔板数的高低无法说明两组分的分离效果。通常色谱柱的分离效能是用分离度来衡量的，因为分离度综合了动力学和热力学两个方面的因素。两组分的分离度按下式计算

$$R_s=\frac{t_{R2}-t_{R1}}{\frac{1}{2}(Y_1+Y_2)}$$

式中，t_R 为保留时间；Y 为色谱峰的宽度。

公式中分子上两组分保留时间的差值取决于固定相的性质，即热力学问题，反映的是色谱柱的选择性；而分母上色谱峰的宽度是由动力学因素决定的。分离度的表达式还有另外一种形式

$$R_s=\frac{1}{4}\sqrt{n}\cdot\frac{\alpha-1}{\alpha}\cdot\frac{k}{k+1}$$

式中，α 为两组分的相对保留值，与固定相的性质和温度有关；k 为容量因子；n 为塔板数。其中

$$\alpha=\frac{t'_{R1}}{t'_{R2}}=\frac{k_1}{k_2}$$

$$k=\frac{t'_R}{t_M}$$

由此可知，理论塔板数、相对保留值和容量因子均可影响分离度，如果温度等因素发生变化，两组分的分离度也将随之改变。

【仪器与试剂】

仪器：气相色谱仪；热导检测器；色谱柱；微量注射器（1μL）。

试剂：乙醇（AR）；丙醇（AR）；丁醇（AR）；乙醇、丙醇和丁醇的混合溶液；氢气（纯度99.99%以上）。

【实验步骤】

1. 开启氢气钢瓶，按照仪器操作说明书使其正常运行，调整载气的流量为40mL/min。
2. 设定色谱柱、检测器和汽化室温度分别为100℃、120℃和150℃，桥电流120mA。
3. 注入40μL的空气，当出峰完毕后，记录保留时间 t_M。
4. 分别注入0.5μL的乙醇、丙醇和丁醇，记录各自的保留时间。
5. 注入5μL的混合溶液，记录每个峰的保留时间和峰宽。
6. 将柱温分别调至80℃、90℃、110℃和130℃，重复3～5的操作步骤。
7. 关闭仪器：切断桥电流，待色谱柱、检测器、汽化室的温度都降至50℃时，关闭主机。

【数据记录与处理】

柱温	纯物质的保留时间			混合溶液各组分保留时间			混合溶液各组分峰宽			分离度	
	乙醇	丙醇	丁醇	乙醇	丙醇	丁醇	乙醇	丙醇	丁醇	乙醇与丙醇	丙醇与丁醇

1. 根据标准物质保留时间对混合溶液的各个色谱峰进行定性。
2. 计算不同温度下丙醇与乙醇的分离度。
3. 计算不同温度下丙醇与丁醇的分离度。

【注意事项】

1. 适当控制色谱柱的升温速度，避免因升温过快导致色谱柱性能不稳定。
2. 注射器更换进样液体时需用溶剂洗10次以上，再用待取液洗10次以上，不能有

气泡。

3. 每调整一次柱温，应待基线稳定后再进样分析。

【思考题】

1. 分离度达到多少即说明两组分达到完全分离？
2. 影响分离度的因素有哪些？
3. 为什么温度会影响两组分的分离度？

实验 45　甲苯-乙酸乙酯-正己烷混合物中各组分浓度的测定（归一化法）

【实验目的】

1. 进一步练习并掌握气相色谱仪的使用方法。
2. 学习氢火焰检测器的使用方法。
3. 掌握归一化法的定量分析方法。
4. 掌握相对校正因子的测定方法。

【实验原理】

在相同的色谱操作条件下，同一种物质具有相同的保留时间，因而可用已知物的保留时间与未知成分的保留时间进行对照，如两者的保留时间完全相同，则可认为是同一种物质。该方法的前提是试样中各组分达到完全分离，且有已知的标准物进行对照。

在所有组分得到完全分离且均能被检测而得到色谱峰时，可用归一化法对各组分进行定量。计算公式为：

$$w_i=\frac{A_i f_i}{A_1 f_1+A_2 f_2+\cdots+A_n f_n}\times 100\%$$

式中，w_i为i组分的质量分数；A_i为i组分的峰面积；f_i为i组分的校正因子，可以是绝对校正因子，也可以是相对校正因子。

各组分的校正因子可以通过实验测定而得到。在一定条件下，取质量为m_i的i组分注入色谱仪中，得到色谱峰的面积为A_i，根据下式可求出校正因子f_i，该值称为绝对校正因子。

$$m_i=A_i f_i$$

绝对校正因子受色谱操作条件影响较大，因而在定量分析中，大多采用的是相对校正因子：

$$f'_i=\frac{f_i}{f_s}=\frac{m_i/A_i}{m_s/A_s}$$

式中，f_s为标准物质的绝对校正因子；A_s为标准物质的峰面积；m_s为标准物质的质量。

当待测组分和标准物质一定时，相对校正因子只与检测器的类型有关，与色谱操作条件无关。测定时，先准确称量标准物质和待测物质的质量m_s和m_i，混合后进样，测得两组分

的峰面积 A_s 和 A_i，按照上式计算其相对校正因子。

【仪器与试剂】

仪器：气相色谱仪；氢火焰检测器；色谱柱；微量注射器（1μL、5μL）。

试剂：正己烷（AR）；苯（AR）；乙酸乙酯（AR）；苯、乙酸乙酯、正己烷的混合未知样；氮气（纯度99.99%以上）；氢气（纯度99.99%以上）；空气。

【实验步骤】

1. 准确称取一定量的纯正己烷、苯和乙酸乙酯，混匀，得到标准试样。

2. 开启氮气钢瓶，调节柱头压力为0.1MPa。

3. 开启色谱仪的电源开关，仪器自检通过后，分别将检测器、汽化室和色谱柱的温度设定为140℃、120℃和80℃，并使仪器进行升温。

4. 当温度达到设定温度时，开启空气开关和氢气开关，并用点火枪将检测器点燃。

5. 分别取0.5μL的正己烷、苯、乙酸乙酯，按照相同的方法进样分析，测得各自的保留时间和峰面积。

6. 取2μL的标准试样，注入色谱仪，并进行图谱采集，谱图采集完成后，记录各峰的保留时间和峰面积，重复测定2次。

7. 取2μL的未知试样，测得各组分的保留时间和峰面积，重复测定2次。

8. 实验结束后，切断桥电流，再将色谱柱、检测器、汽化室的温度都设定为50℃，待温度降至设定温度时，关闭主机的加热开关和总电源开关，最后关闭载气。

【数据记录与处理】

组分	纯物质保留时间	标准溶液				相对校正因子	未知试样			
		质量	峰面积				峰面积			质量分数
			1	2	平均		1	2	平均	
苯						1				
正己烷										
乙酸乙酯										

1. 将实验步骤5和步骤6的保留时间进行对照，对实验步骤6中各色谱峰进行定性。

2. 根据实验步骤6中得到的各组分的峰面积计算正己烷、甲苯相对于苯的校正因子。

3. 根据实验步骤5中得到的各组分的保留时间对实验步骤7中的色谱峰进行定性。

4. 利用各组分的相对校正因子和峰面积计算未知试样中正己烷、苯和甲苯的含量。

【注意事项】

1. 为了减小误差，应用3次测定数据的平均值进行计算。

2. 为了保证实验结果的精密度，实验操作应尽量规范、前后一致。

【思考题】

1. 利用保留时间定性有哪些局限性？

2. 归一化法定量需要满足哪些条件？

3. 为什么要使用校正因子？

4. 校正因子与检测器的灵敏度有何关系？
5. 标准试样与未知试样的进样量是否需要准确？为什么？

实验 46　白酒中甲醇及其他杂质含量的测定（内标法）

【实验目的】

1. 进一步练习氢火焰检测器的使用方法。
2. 掌握内标法的定量分析方法。
3. 练习程序升温的操作方法并了解程序升温的特点。

【实验原理】

白酒中微量成分比较复杂，包括醇类、醛类、酮类以及酯类等上百种物质，其沸点范围较宽，通常情况下难以对所有的成分进行分离以及定性和定量分析。

本实验利用毛细管色谱柱和氢火焰检测器，采用程序升温的方法使白酒中的某些成分分离，再用内标法对其中的甲醇、正丁醇、乙醛、乙酸乙酯的含量进行分析。

内标法是选择一种物质作内标物，取一定量纯物质加入已知量的试样中，根据内标物和待测物的峰面积，计算待测组分的含量。设内标物的质量为 m_s，试样的质量为 m，试样中待测组分 i 的质量为 m_i，则：

$$m_i = f_i A_i$$
$$m_s = f_s A_s$$

i 组分的质量分数为：

$$w_i = \frac{m_i}{m} \times 100\% = \frac{f_i A_i}{f_s A_s} \cdot \frac{m_s}{m} \times 100\%$$

如以内标物为基准，则 $f_s = 1$，上式简化为

$$w_i = \frac{f_i A_i}{A_s} \cdot \frac{m_s}{m} \times 100\%$$

由此可计算试样中 i 组分的质量分数。

【仪器与试剂】

仪器：气相色谱仪；氢火焰检测器；毛细管色谱柱；微量注射器（1μL、10μL）。

试剂：甲醇（AR）；正丁醇（AR）；乙醛（AR）；乙酸乙酯（AR）；乙酸正戊酯（AR）；60%乙醇-水溶液；白酒试样；氮气（纯度 99.99%以上）；氢气（纯度 99.99%以上）；空气。

【实验步骤】

1. 标准溶液的配制：在 10mL 容量瓶中加入 4.0μL 的甲醇、正丁醇、乙醛、乙酸乙酯和乙酸正戊酯，用 60%的乙醇-水溶液稀释至刻度，计算溶液中各组分的质量 m_i。

2. 试样溶液的配制：用白酒试样润洗 10mL 容量瓶 2～3 次，加入 4.0μL 乙酸正戊酯，用白酒试样稀释至刻度，计算乙酸正戊酯的质量 m_s，并准确称量 10mL 试样的质量 m。

3. 按照仪器操作说明书使其正常运行。

4. 色谱柱的温度设定如下：60℃，恒温 2min，以 5℃/min 的速度升至 180℃，保持 2min。

5. 检测器和汽化室的温度设定为 250℃；氮气流速为 20cm/s；氢气和空气的流量分别为 30mL/min 和 400mL/min；分流比为 1∶50。

6. 点燃检测器。

7. 分别取 0.1μL 甲醇、正丁醇、乙醛、乙酸乙酯和乙酸正戊酯，注入色谱仪，确定各种物质的保留时间，由此对步骤 8 和 9 中各色谱峰进行定性。

8. 取 1.0μL 标准溶液注入色谱仪，待出峰完毕后，记录各组分的保留时间和峰面积，并计算各组分相对于乙酸正戊酯的校正因子，重复 2 次。

9. 取 1.0μL 加有内标物的试样，同样的方法进行测定，重复 2 次。

10. 关闭仪器。

【数据记录与处理】

<table>
<tr><td colspan="3">组分</td><td>甲醇</td><td>正丁醇</td><td>乙醛</td><td>乙酸乙酯</td><td>乙酸正戊酯</td></tr>
<tr><td colspan="3">纯物质保留时间</td><td></td><td></td><td></td><td></td><td></td></tr>
<tr><td rowspan="4">标准样品</td><td colspan="2">各组分质量</td><td></td><td></td><td></td><td></td><td></td></tr>
<tr><td rowspan="3">各组分峰面积</td><td>1</td><td></td><td></td><td></td><td></td><td></td></tr>
<tr><td>2</td><td></td><td></td><td></td><td></td><td></td></tr>
<tr><td>平均</td><td></td><td></td><td></td><td></td><td></td></tr>
<tr><td colspan="3">相对校正因子</td><td></td><td></td><td></td><td></td><td>1</td></tr>
<tr><td rowspan="6">未知样品</td><td colspan="2">样品质量 m</td><td colspan="5"></td></tr>
<tr><td colspan="2">内标物质量 m_s</td><td colspan="5"></td></tr>
<tr><td rowspan="3">各组分峰面积 A_i</td><td>1</td><td></td><td></td><td></td><td></td><td></td></tr>
<tr><td>2</td><td></td><td></td><td></td><td></td><td></td></tr>
<tr><td>平均</td><td></td><td></td><td></td><td></td><td></td></tr>
<tr><td colspan="2">质量分数</td><td></td><td></td><td></td><td></td><td>—</td></tr>
</table>

1. 根据各种纯物质的保留时间对标准溶液得到的各色谱峰进行定性。

2. 对试样溶液中各色谱峰进行定性。

3. 计算以乙酸正戊酯为标准溶液时各组分的相对校正因子。

4. 计算试样中各组分的含量。

【注意事项】

1. 点燃氢火焰检测器时，可将氢气流量适当调大一些，确定点燃成功后再将流量缓慢降低至规定值。

2. 在一个温度程序完成后，需等待色谱仪回到初始状态并稳定后，才能进行下一次进样。

3. 试样注入量需准确、重现性好。

【思考题】

1. 该实验中为什么要采用内标法定量？
2. 内标物应满足哪些条件？
3. 进样量是否需要准确？为什么？

实验 47　乙醇中微量水分的测定

【实验目的】

1. 进一步掌握气相色谱仪的结构、工作原理和使用方法。
2. 掌握内标法的定量原理和方法。
3. 进一步练习进样操作。

【实验原理】

GDX 系列聚合物多孔高分子微球固定相的表面无亲水基团，对氢键型化合物如水、醇等亲和力较弱，因而出峰的顺序一般是按照分子量的大小。本实验以甲醇作内标物，用内标法对乙醇中的微量水分进行定量分析。出峰的顺序是甲醇、水、乙醇。内标法的定量基础和计算方法见实验 46。

【仪器与试剂】

仪器：气相色谱仪；热导检测器；色谱柱（邻苯二甲酸二壬酯）；微量注射器（1μL、5μL）。

试剂：GDX 固定相；无水乙醇（经 5Å 分子筛脱水处理）；无水甲醇（经 5Å 分子筛脱水处理）；乙醇试样（95%）；氢气（纯度 99.99%以上）。

【实验步骤】

1. 标准试样的配制：取试样瓶准确称量后，加入 3mL 无水乙醇后准确称量，得到乙醇的质量 m_1，再依次加入 0.1mL 无水甲醇、0.1mL 水，并称量得到甲醇和水的质量分别为 m_2 和 m_3。

2. 未知试样的配制：取试样瓶准确称量后，加入 3mL 乙醇样品后准确称量，得到乙醇样品的质量 m，再加入 0.1mL 甲醇，称量得到甲醇的质量为 m_s。

3. 开启氢气钢瓶，调节减压阀和稳压阀以及稳流阀，使氢气流量约为 30mL/min。

4. 开启色谱仪的电源开关，仪器自检通过后，分别将检测器、汽化室和色谱柱的温度设定为 120℃、120℃和 110℃，使仪器升温至设定温度。

5. 调节桥电流的值为 120mA。

6. 待基线稳定后，取 2μL 的标准试样，注入色谱仪，并进行图谱采集，谱图采集完成后，记录各峰的保留时间和峰面积。

7. 取 2μL 的未知试样，按照相同的方法进样分析，测得各自的保留时间和峰面积，重复操作 2 次。

8. 实验结束后，切断桥电流，再将色谱柱、检测器、汽化室的温度都设定为 50℃，待温度降至设定温度时，关闭主机的加热开关和总电源开关，最后关闭载气。

【数据记录与处理】

组分	保留时间	标准样品				相对校正因子	未知样品			
		质量	峰面积				样品质量 m	内标物质量 m_s	峰面积	水的质量分数 w_i
			1	2	平均					
甲醇						1				
水										

1. 根据实验步骤 6 得到的色谱峰面积计算水对甲醇的相对校正因子。
2. 根据实验步骤 7 得到的峰面积计算乙醇中水分的含量。

【注意事项】

1. 测定相对校正因子时，所用的内标物和乙醇必须不含水分。
2. 为了保证实验结果的精密度，实验操作应尽量规范、前后一致。

【思考题】

1. 出峰顺序如何？
2. 为什么选用甲醇作内标物？
3. 为什么试样和内标物需要准确称量？
4. 测定水分能否用氢火焰检测器？
5. 如何处理数据？
6. 注意事项有哪些？

实验 48 小麦粉中过氧化苯甲酰含量的测定（设计实验）

【实验目的】

1. 了解过氧化苯甲酰的性质和作用。
2. 熟练文献的查阅方法。
3. 了解国家标准分析法测定过氧化苯甲酰的原理和方法。
4. 初步练习设计实验方案。

【实验提示】

1. 国家标准是否允许小麦粉中添加过氧化苯甲酰，为什么？
2. 为什么会有面粉加工商在小麦粉中加入过氧化苯甲酰？
3. GB/T 18415—2001 中有几种方法测定小麦粉中的过氧化苯甲酰？各自的方法原理是什么？用何种定量方法？为什么？
4. 根据现有文献报道还可用哪些方法测定小麦粉中过氧化苯甲酰的含量？

【设计实验方案】

1. 用哪种方法测定小麦粉中的过氧化苯甲酰？
2. 方法原理是什么？

3. 定性和定量方法各是什么？
4. 用到的仪器、试剂有哪些？
5. 如何设计实验步骤？
6. 如何处理数据？
7. 注意事项有哪些？

11.5 拓展内容

（1）色谱法的起源

色谱分析法是一种分离技术。它是由俄国物理学家 Tswett 在 1906 年创立的，他在研究植物叶中的色素时，用石油醚浸提植物色素，然后将浸提液注入一根填有碳酸钙的直立玻璃管的顶端，再加入纯石油醚进行淋洗，淋洗结果是玻璃管内植物色素被分离成具有不同颜色的谱带。他把这种分离方法称为色谱法，玻璃管称为色谱柱，管内填充物是固定不动的，称为固定相，淋洗剂是携带混合物流过固定相的流体，称为流动相。

（2）农业行业标准

《蔬菜和水果中有机磷、有机氯、拟除虫菊酯和氨基甲酸酯类农药多残留检测方法》（NY/T 761—2004）。

（3）国家标准

《食品添加剂　维生素 E(*dl*-α-醋酸生育酚)》(GB 14756—2010)。

色谱法原理

NY/T 761—2004

GB 14756—2010

第12章 高效液相色谱法

12.1 高效液相色谱法的基本原理

高效液相色谱法（high performance liquid chromatography，HPLC）是以经典液相色谱法为基础，引入气相色谱法的理论与实验方法而发展起来的分离分析方法。它采用高效固定相，流动相通过高压输液泵进入色谱柱，使得混合物在其中的传质、扩散速度大大加快，从而在短时间内获得高的分离能力。

高效液相色谱法是以液体作为流动相的一种色谱分析法，它的基本概念及理论基础，如保留时间、速率理论、塔板理论、容量因子和分离度等，与气相色谱法基本一致，但又有所不同。高效液相色谱法与气相色谱法的主要区别可归结于以下几点：

① 流动相不同，液相色谱的流动相为液体，气相色谱的流动相为气体；

② 进样方式不同，高效液相色谱要将试样制成溶液，而气相色谱需加热汽化或裂解；

③ 由于液体的黏度比气体大两个数量级，因而待测组分在液体流动相中的扩散系数比在气体流动相中约小 4～5 个数量级；

④ 由于流动相的化学成分可进行广泛选择，并可配制成二元或多元体系，满足梯度洗脱的需要，因而提高了高效液相色谱的分辨率（色谱柱效能）；

⑤ 高效液相色谱采用 3～10μm 细颗粒固定相，使流体相在色谱柱上渗透性大大缩小，流动阻力增大，必须借助高压泵输送流动相；

⑥ 高效液相色谱是在液相中进行，对待测组分的检测，通常采用灵敏的湿法光度检测器，例如，紫外-可见光吸收检测器、示差折光检测器、荧光检测器等。

高效液相色谱法具有分析速度快、分辨率高、灵敏度高且高效能等优点，可用于分析低分子量、低沸点的有机物，更多适用于分析中、高分子量，高沸点及热稳定性差的有机化合物，如生物化学制剂、金属有机配合物等物质的分离分析，必须借助于高效液相色谱法。目前已经广泛应用于生物工程、制药工程、食品工业、环境监测和石油化工等行业。根据固定相的类型和分离机制的不同，高效液相色谱可分为：液固吸附色谱法、化学键合相色谱法、离子交换色谱法、离子对色谱法及分子排阻色谱法等类型。

高效液相色谱的定性和定量分析方法与气相色谱分析相似：在定性分析中，采用保留时间定性，或与其他定性能力强的仪器分析法，如质谱法、红外吸收光谱法等联用；在定量分析中，采用内标法、外标法或测量峰面积的归一化法等定量方法，其中外标法定量应用较为广泛。

12.2 高效液相色谱仪的结构

高效液相色谱仪由五部分组成：溶剂输送系统、进样系统、分离系统、检测系统、数据处理系统。高效液相色谱仪的流程简图见图 12-1。

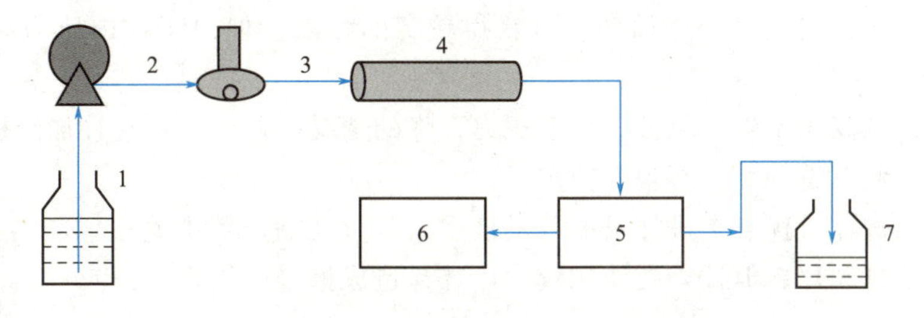

图 12-1　高效液相色谱仪流程简图

1—流动相容器；2—高压输液泵；3—进样器；4—色谱柱；5—检测器；6—工作站；7—废液瓶

高效液相色谱法流程

高效液相色谱仪结构

12.2.1 溶剂输送系统

溶剂输送系统主要包括储液器、高压输液泵、梯度洗脱装置和在线脱气机。

储液器：储液器的材质为玻璃、不锈钢、氟材料等耐腐蚀材料，用于储存流动相，它由高压泵输送，流经进样器、色谱柱、检测器，最后流进废液瓶。

高压输液泵：由于液相色谱固定相的粒径为 3～10μm，因此，柱前压力可高达 1×10^4～4.0×10^4kPa，因此需用高压泵将流动相在高压下连续不断地送入液路系统。常用高压输液泵分为恒压泵和恒流泵两种，多采用的是恒流泵。同时，高压输液泵应满足下述要求，有足够的压力；输出流量恒定、可调；输出压力平稳；泵室体积小；泵体抗腐蚀、耐酸。

梯度洗脱装置：流动相中含有两种或两种以上不同极性的溶剂，在分离的过程中，按一定程序连续改变流动相中溶剂的配比和极性，通过流动相极性的变化来提高分离效率、缩短分析时间，特别适用于复杂试样的分析。

往复串联泵

液压隔膜泵

四元泵低压梯度洗脱

在线脱气机：流动相使用前必须进行脱气，防止气泡产生干扰。其作用是使色谱泵输液均匀准确，减小脉动；提高保留时间和色谱峰面积的重现性；防止气泡引起尖峰；使基线稳定，提高信噪比。脱气方法包括吹氦脱气法、加热回流法、抽真空脱气法、超声波脱气法和在线真空脱气法。

12.2.2 进样系统

液相色谱常用的进样方式有三种：直接注射进样、停流进样和高压六通阀进样。

直接注射进样：优点是操作简便，可获得较高的柱效；但由于柱内压力高，故进样不方便。

停流进样：在高压泵停止供液、体系压力下降的情况下，将试样直接加到柱头。这种进样方式操作不方便，重现性差，很少使用。

高压六通阀进样：优点是进样量的可变范围大、可在高压下准确进样、重现性好和易于自动化；但柱外死体积较大，容易造成谱峰的展宽。

液相色谱六通阀进样

12.2.3 分离系统

色谱柱由柱管和固定相组成，是色谱仪的核心部件，由它实现分离功能。色谱柱一般采用长 10～50cm、内径 2～6mm 的不锈钢管，多为直形，内部充满 3～10μm 高效微粒固定相。固定相是色谱分离的关键部分，试样中各组分分离的程度主要取决于固定液的选择。此外，由于固定相颗粒细小，需用均浆法填充以得到均匀、紧密的色谱柱，若填充不均匀或有柱层裂缝、空隙等，将降低色谱柱的分离效能，因此填充高效液相色谱柱是一项高技术性工作。一般辅助有柱温箱装置，用于平衡流动相温度和室温，减少误差。

12.2.4 检测系统

根据检测原理不同，液相色谱检测器分为紫外-可见光吸收检测器、示差折光检测器、荧光检测器和电化学检测器等。

紫外-可见光吸收检测器（UVD）：测量溶质对紫外光的吸收。测定灵敏度高、不易受流量和温度的影响，但不能用于测定对紫外光有吸收的流动相，适合痕量分析。

示差折光检测器（RID）：测定柱后流出液的总体折射率，测定灵敏度低，易受流量和温度的影响，造成较大的漂移和噪声，不适合痕量分析。

荧光检测器（FD）：应用于组分吸收一定波长紫外光后发射荧光的物质，且荧光强度与浓度成正比。其具有选择性好、适用于痕量分析和应用范围广等优点。

电化学检测器（ED）：包括电导、库仑、极谱、安培、电位等检测器。应用于在工作电极的工作电压范围能被还原或氧化的物质，然而存在电极表面易中毒的缺陷。

固定波长紫外检测器

紫外检测器流通池

折光检测器

荧光检测器

电导检测器

12.2.5 数据处理系统

数据处理系统最基本的功能是记录检测器输出的模拟信号随时间的变化关系，即对测定数据进行采集和处理。

12.3 高效液相色谱仪的使用方法

高效液相色谱仪有多种型号，其质量和性能不尽相同，但使用方法和步骤大致如下：

① 准备工作：主要是流动相的准备，流动相经过脱气，用高压泵输送。

② 开机：打开色谱仪的电源开关，电压稳定后，依次打开高压泵、柱温箱、系统控制仪、检测器的电源。

③ 进入色谱工作站：开启计算机，进入色谱工作站界面，进入色谱工作站数据采集系统并监视色谱基线，待基线稳定即可开始进样。

④ 进样：待基线稳定后，选择合适的进样方式进行进样。

⑤ 数据采集：待出峰完全后，进行数据采集，即完成一次进样，此时色谱数据已记录在数据文件中。

⑥ 关机：分析结束后，依次关闭色谱工作站、检测器、高压泵等电源开关。

12.4 实验内容

实验 49　高效液相色谱柱效能的测定

【实验目的】

1. 了解高效液相色谱仪的基本结构和工作原理，初步掌握其操作技能。
2. 掌握高效液相色谱柱效能的测定方法。

【实验原理】

高效液相色谱法是以液体作为流动相的一种色谱分析法，它是根据不同组分在流动相和固定相之间的分配系数的差异来对混合物进行分离的。气相色谱中评价色谱柱柱效的方法及计算理论塔板数的公式同样适合于高效液相色谱，即：

$$n=16\left(\frac{t_{\mathrm{R}}}{Y}\right)^{2} \tag{12-1}$$

式中，t_{R} 为保留时间；Y 为色谱峰的宽度。

速率理论及范第姆特方程式对于研究影响高效液相色谱柱效能的各种因素，同样具有指导意义：

$$H=A+\frac{B}{u}+Cu \tag{12-2}$$

在液相色谱中，由于组分在液体中的扩散系数很小，纵向扩散项（B/u）对色谱峰扩展的影响实际上可以忽略，而传质阻力项（Cu）则成为影响柱效能的主要因素。因此，要提高液相色谱的柱效能，提高柱内填料装填的均匀性和减小粒度，从而加快传质速率是非常重要的，而装填技术的优劣将直接影响色谱柱的分离效能。

除上述影响柱效能的一些因素外，对于液相色谱还应考虑到一些柱外展宽的因素，其中包括进样器的死体积和进样技术等所引起的柱前展宽，以及由柱后连接管、检测器流通池体积所引起的柱后展宽。

【仪器与试剂】

仪器：高效液相色谱仪；紫外光度检测器；色谱柱；色谱工作站；微量进样器（10μL）；超声波清洗器。

试剂：甲苯（AR）；萘（AR）；联苯（AR）；甲醇（AR）；正己烷（AR）；纯水；重蒸的去离子水。

【实验步骤】

1. 标准溶液配制

标准储备液：配制含甲苯、萘、联苯各1000μL/mL的正己烷溶液，备用。

标准溶液：用上述储备液配制含甲苯、萘、联苯各10μL/mL的正己烷溶液，混匀，备用。

2. 色谱柱条件

色谱柱：长150mm，内径4.6mm，装填颗粒度为5μm的C-18烷基键合相固定相；

流动相：甲醇∶水（85∶15），流量0.8mL/min；

紫外-可见光吸收检测器：测定波长254nm，灵敏度0.08；

进样量：10μL。

3. 测试

① 将配制好的流动相于超声波清洗器上脱气15min。

② 根据实验条件，将仪器按照操作步骤调节至进样状态，待仪器液路和电路系统达到平衡，色谱工作站或记录仪上基线平直时，即可进样。

③ 吸取10μL甲苯、萘、联苯的正己烷溶液（标准溶液）进样，并用色谱工作站记录色谱数据，重复进样1次。

④ 用色谱工作站的数据处理系统处理数据文件。

⑤ 实验结束后，清洗色谱系统，按照操作规程关好仪器。

【数据记录与处理】

1. 记录实验条件

① 色谱柱与固定相；

② 流动相及其流量、柱前压；

③ 检测器及其灵敏度；

④ 进样量。

2. 测量各色谱图中甲苯、萘、联苯等的保留时间t_R及相应色谱峰的半峰宽$Y_{1/2}$，计算

对应理论塔板数 n，并将数据列入下表中。已知组分的出峰顺序为甲苯、萘、联苯。

组分	次数	t_R/min	$Y_{1/2}$/min	n/(块·m^{-1})
甲苯	1			
	2			
	平均值			
萘	1			
	2			
	平均值			
联苯	1			
	2			
	平均值			

【注意事项】

1. 为保护色谱柱，柱压不可超过 25MPa，当柱压达到 20MPa 时就应适当减小流速。
2. 进样必须使用专用的平头注射器，严禁使用尖头注射器。
3. 进样前应排尽注射器中的气泡，不可将气泡注入色谱系统。

【思考题】

1. 由本实验计算所得的各组分理论塔板数的高低说明了什么问题？
2. 紫外光度检测器是否适用于检测所有的有机化合物，为什么？
3. 若实验中的色谱峰无法完全分离，应如何改善实验条件？

实验 50 高效液相色谱法测定维生素 C 药片中维生素 C 含量

【实验目的】

1. 熟悉高效液相色谱仪的使用方法。
2. 掌握高效液相色谱法测定维生素 C 的实验原理和方法。

【实验原理】

液相色谱法采用液体作为流动相，利用物质在两相中的吸附或分配系数的微小差异达到分离的目的。当两相做相对移动时，被测物质在两相之间进行反复多次的质量交换，使溶质间微小的性质差异产生放大的效果，达到分离分析和测定的目的。高效液相色谱可分析低分子量、低沸点的有机化合物，更多适用于分析中高分子量、高沸点及热稳定性差的有机化合物。

维生素 C 又称抗坏血酸，是维持机体正常生命活动所必需的小分子有机化合物。维生素C含量的检测方法有很多，传统的有滴定法、比色法、荧光法等。

【仪器和试剂】

仪器：高效液相色谱仪（配紫外检测器）；C-18柱（250mm×46mm）

试剂：维生素C（A. R.）；草酸（A. R.）；超纯水。

【实验步骤】

1. 维生素C标准溶液的制备

精确称取0.1000g维生素C标准品，用0.1%草酸溶解，转移至100mL容量瓶并定容得质量浓度为1g/L的维生素C标准储备液。分别吸取一定量的维生素C标准储备液，用1%的草酸溶液稀释得到质量浓度分别为100mg/L、50mg/L、25mg/L、10mg/L的标准溶液，用0.45μm滤膜过滤，备用。

2. 待测试液的制备

准确称量1片市售维生素C药片的质量，加1%的草酸溶解制成每1mL含0.1mg的溶液，分析前用0.45μm滤膜过滤。

3. 色谱柱条件

色谱柱：长150mm，内径4.6mm，装填颗粒度为5μm的C-18烷基键合固定相，柱温为30℃；

流动相：流动相为0.1%草酸，流速为1mL/min；

紫外-可见吸收检测器：测定波长254nm，灵敏度0.08；

进样量：20μL。

4. 标准曲线的绘制

分别检测10mg/L、25mg/L、50mg/L、100mg/L的维生素C标准溶液，确定出峰位置，利用积分峰面积与浓度的线性关系，建立并绘制工作曲线。

5. 样品测定

检测待测样品，求出其积分峰面积，带入标准曲线方程，求出待测样品中维生素C的浓度。

【数据记录及处理】

1. 分别记录不同浓度标准溶液的出峰位置及积分峰面积，求线性回归方程和相关系数。

浓度/(mg/L)	保留时间/min	积分峰面积
10.0		
25.0		
50.0		
100.0		
样品		

2. 根据待测溶液中维生素C的峰面积值，计算待测样品中维生素C的质量浓度。

【注意事项】

1. 严格按照高效液相色谱仪操作规范进行实验，液体试样必须经过处理，不能直接进样。

2. 配制流动相及维生素 C 溶液时须用超纯水，防止堵塞色谱柱。

3. 为获得良好的结果，试样和标准溶液的进样量要严格保持一致。

【思考题】

1. 实验中为什么采用标准曲线法作为定量方法？其优缺点是什么？

2. 测定维生素 C 含量的实验中为什么用 0.1%的草酸溶液作为流动相及溶剂？

实验 51　反相高效液相色谱法测定牛奶中四环素类抗生素的残留量

【实验目的】

1. 了解反相高效液相色谱的组成与分离原理。

2. 学习高效液相色谱仪的使用方法和操作流程。

3. 掌握高效液相色谱法的定性和定量方法。

【实验原理】

随着畜牧业的发展，将一些抗生素作为添加剂以较低浓度加入奶牛的饲料中，会使导致动物生产效率下降的支原体病等慢性传染病得到有效抑制，从而促进动物生长。但是，这种做法常导致在牛奶中残留抗生素，人类食用后产生耐药菌群，将会带来一系列严重后果。四环素类抗生素就是经常使用的一类抗生素，其中四环素（tetracycline，TC）、土霉素（oxytetracycline，OTC）和金霉素（chlortetracycline，CTC）就是该类抗生素中的三种，是提取自链霉菌属培养液的广谱抗生素，结构如下：

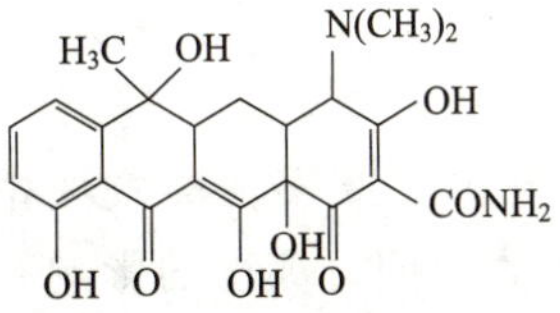

四环素 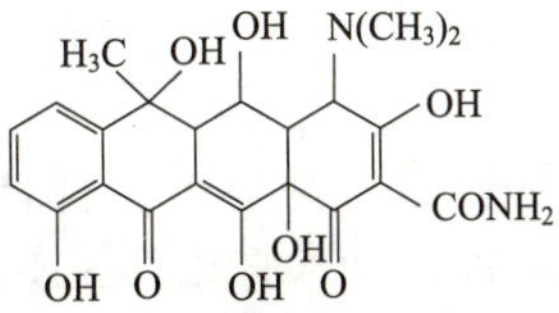　　土霉素 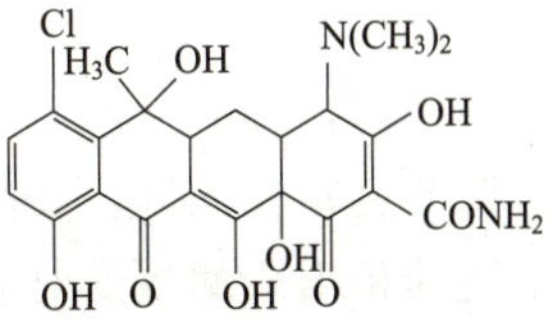　　金霉素

我国和欧盟规定其在牛奶中的最大残留限量为 0.1mg/kg。这三种抗生素在酸性条件下稳定，易与蛋白质发生强烈结合，且易与金属离子形成螯合物。在乙二胺四乙酸二钠（EDTA-2Na）存在条件下，用草酸甲醇提取可获得较高回收率。三种抗生素的共有结构均可在 C-18 柱上产生保留，土霉素和金霉素均与四环素仅差一个取代基，采用适当的流动相，以反相色谱方式可将三者有效分离。三者具有共同的发色团，在 225nm、268nm 和 360nm 均有吸收，短波吸收易受干扰，采用 360nm 作为吸收检测波长可获得较好的同时测定结果。

本实验采用外标法对试样中三种抗生素进行定量分析。对系列标准溶液分别进行高效液相色谱分离，测定三者各自的峰面积，并以此回归三者的工作曲线，试样分离后通过测定三者各自的峰面积，可在各自工作曲线上计算出对应的浓度。

【仪器与试剂】

仪器：高效液相色谱仪；色谱柱；微量注射器（25μL）；紫外-可见光吸收检测器；超声波清洗器；台式离心机；电子分析天平，0.45μm 滤膜。

试剂：甲醇（AR）；乙腈（AR）；草酸（AR）；EDTA（AR）；四环素、金霉素和土霉素标准试样。

【实验步骤】

1. 试剂的配制

草酸水溶液：称取 1.26g 草酸，用水溶解并定容于 1000mL 的容量瓶中，浓度为 0.01mol/L。

草酸甲醇溶液：称取 1.26g 草酸，用甲醇溶解并定容于 1000mL 的容量瓶中，浓度为 0.01mol/L。

四环素、金霉素和土霉素标准储备液：分别称取四环素、金霉素和土霉素标准各 1mg，用甲醇溶解并定容于 10mL 的容量瓶中，浓度均为 100mg/L，储存于−18℃冰箱中。

2. 标准溶液系列和试样的制备

标准溶液制备：吸取适量标准储备液，用流动相逐级稀释，配成三者浓度均为 0.05mg/L、0.10mg/L、0.25mg/L、0.50mg/L、1.0mg/L 的系列标准溶液，此系列标准溶液储存于 4℃冰箱，可保存 3 天。

试样制备：准确称取牛奶样品 5g，置于 50mL 离心管中，加入 5mL 0.01mol/L 草酸的甲醇溶液、0.1g EDTA 旋涡混合 3min，超声振荡 3min，以 10000r/min 离心 10min，取出全部上清液并量出体积（或用流动相稀释至最近整数体积），用 0.45μm 滤膜过滤后供测定。

3. 测定

色谱柱：长 150mm，内径 4.6mm，装填颗粒度为 4μm 的 C-18 烷基键合相固定相；

流动相：乙腈：甲醇：0.01mol/L 草酸水溶液（22：8：70），流量 1.0mL/min；

紫外-可见光吸收检测器：测定波长 360nm，灵敏度 0.08；

进样量：25μL；

调节流动相比例：升高流动相中乙腈比例至 35，降低水比例至 57，观察在高效液相色谱中流动相组成的改变对分析物保留时间和四环素、金霉素和土霉素之间分离度的影响。

4. 测试

① 将配制好的流动相于超声波清洗器上脱气 15min。

② 根据实验条件，将仪器按照操作步骤调节至进样状态，待仪器液路和电路系统达到平衡，色谱工作站或记录仪上基线平直时，即可进样。

③ 标准曲线的绘制。待基线平稳后，依次分别吸取 25μL 的 5 个不同浓度的四环素、金霉素和土霉素标准溶液进样，并用色谱工作站记录色谱数据，记录峰面积和保留时间。

④ 试样的测定。取脱气 15min 后的待测试样 25μL 进样，记录峰面积和保留时间，重复进样 2～3 次，要求峰面积基本保持一致。

⑤ 实验结束后，清洗色谱系统，按照操作规程关好仪器。

【数据记录与处理】

1. 对四环素、金霉素和土霉素系列标准溶液中的每一个标准溶液分别进行 3 次分离，记录每次分离各自的峰面积并求平均值。

浓度/(mg/mL)	四环素		金霉素		土霉素	
	A	$\overline{A}$	A	$\overline{A}$	A	$\overline{A}$
0.05						
0.10						
0.25						
0.50						
1.0						

2. 绘制四环素、金霉素和土霉素峰面积-质量浓度的标准曲线，并计算回归方程和相关系数。

3. 对待测试样标准溶液分别进行 3 次分离，记录每次分离各自的峰面积并求平均值。

4. 计算试样中四环素、金霉素和土霉素的含量。

【注意事项】

1. 分离要在基线稳定条件下进行，否则峰面积计算的准确性会受到影响。

2. 色谱柱在测定结束后要用纯甲醇清洗至少 1h 以上。

【思考题】

1. 在牛奶中四环素类抗生素的提取过程中，加入 EDTA 的作用是什么？

2. 在牛奶中四环素类抗生素的提取过程中，加入甲醇和草酸的作用是什么？

3. 为什么在气相色谱中温度对分析物的保留时间和分离度有较大影响，而在高效液相色谱中，该因素的影响不如流动相组成的影响显著？

离子色谱法测定水样中 F^-、Cl^-、NO_2^-、PO_4^{3-}、Br^-、NO_3^- 和 SO_4^{2-} 的含量

【实验目的】

1. 掌握离子色谱分析的基本原理及操作方法。

2. 掌握离子色谱法的定性和定量分析方法。

【实验原理】

离子色谱法以阴离子或阳离子交换树脂为固定相，电解质溶液为流动相（洗脱液）。在分离阴离子时，常用 Na_2CO_3 溶液或 $NaHCO_3$-Na_2CO_3 混合液作洗脱液；在分离阳离子时，则常用稀盐酸或稀硝酸溶液作洗脱液。由于待测离子对离子交换树脂亲和力的不同，致使它们在分离柱内具有不同的保留时间而得到分离。此法常使用电导检测器进行测量，为消除洗脱液中强电解质电导对检测的干扰，在分离柱和检测器之间串联一根抑制柱而成为双柱型离子色谱法。

图 12-2 为双柱型离子色谱仪流程示意图。它由高压恒流泵、高压六通进样阀、分离柱、抑制柱、检测器和信号采集器等组成。充样时试液被截留在定量管内，当高压六通进样阀转向进样时，洗脱液由高压恒流泵输入，经定量管时，试液被带入分离柱。在分离柱中发生如下交换过程：

$$R—HCO_3 + MX \rightleftharpoons RX + MHCO_3$$

式中，R 代表离子交换树脂。由于洗脱液不断流过分离柱，使交换在阴离子交换树脂上的各种阴离子 X^{n-} 又被洗脱。各种阴离子在不断进行交换及洗脱过程中，由于亲和力的不同，交换和洗脱过程有所不同，亲和力小的离子先流出分离柱，而亲和力大的离子后流出分离柱，各种不同离子因而得到分离，如图 12-2 所示。

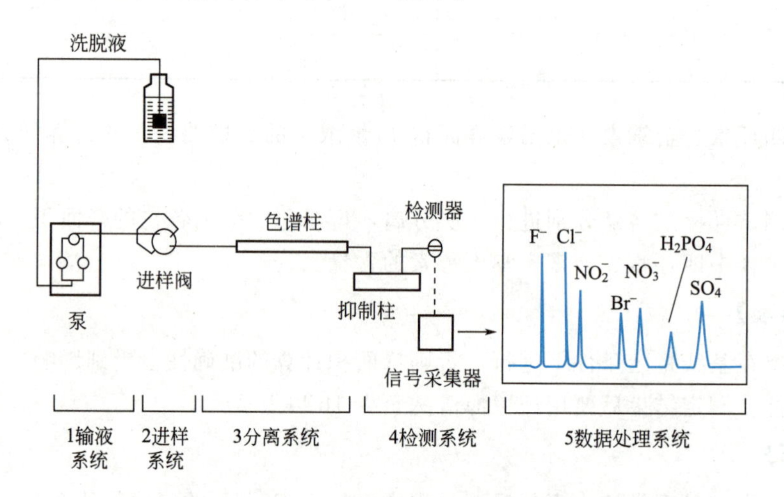

图 12-2 双柱型离子色谱仪流程示意图

在使用电导检测器时，当待测阴离子从柱中被洗脱而进入电导池时，要求电导检测器能随时检测出洗脱液中电导的改变，但因洗脱液中 HCO_3^-、CO_3^{2-} 的浓度要比试样阴离子浓度大得多，因此，与洗脱液本身的电导值相比，试液离子的电导贡献显得微不足道，因而电导检测器难以检测出由于试液离子浓度变化所导致的电导变化。若使分离柱流出的洗脱液，通过填充有高容量 H^+ 型阳离子交换树脂柱（即抑制柱），则在抑制柱上发生如下的交换反应：

$$R—H^+ + Na^+ HCO_3^- \rightleftharpoons R—Na^+ + H_2CO_3$$

$$2R—H^+ + Na_2^{2+} CO_3^{2-} \rightleftharpoons 2R—Na^+ + H_2CO_3$$

$$R—H^+ + M^+X^- \rightleftharpoons R—M^+ + HX$$

可见，从抑制柱流出的洗脱液中的 $NaHCO_3$、Na_2CO_3 已被转变成电导值很小的 H_2CO_3，消除了本底电导的影响，而且试样阴离子 X^- 转变成相应酸的阴离子。由于 H^+ 的离子淌度是金属离子 M^+ 的 7 倍，因而使得试液中离子电导的测定得以实现。

除上述填充阳离子交换树脂抑制柱外，还有纤维状带电膜抑制柱、中空纤维柱、电渗析离子交换膜抑制器、薄膜型抑制器等。它们的抑制机理虽有不同，但共同点都是去除了洗脱液本底电导的干扰，其中电渗析离子交换膜抑制器省去了双柱型离子色谱仪中的抑制柱、再生泵、高压六通阀及输液流路系统，成了不需再生操作即能达到抑制本底电导的新型离子色谱仪，大大简化了分离工艺流程，也精简了仪器设备。图 12-3 为电渗析离子交换膜抑制器示意图。该抑制器由两张阳离子交换膜分隔成三个室，洗脱液携带分离后的试样组分，流经中间的抑制室 1；两侧分别为阳极室 6 和阴极室 3，两室内均装抑制液（又作电解质）和电极 2、7。当在两电极间接通直流电源，抑制室内洗脱液 $NaHCO_3$ 和 Na_2CO_3 以及试样组分如 NaCl，在电场和阳离子交换膜的共同作用下，使阳离子作定向迁移，并通过离子交换膜，将洗脱液中高电导的 Na^+ 除去，从而使高电导的洗脱液转化为低电导，电极上发生如下反应：

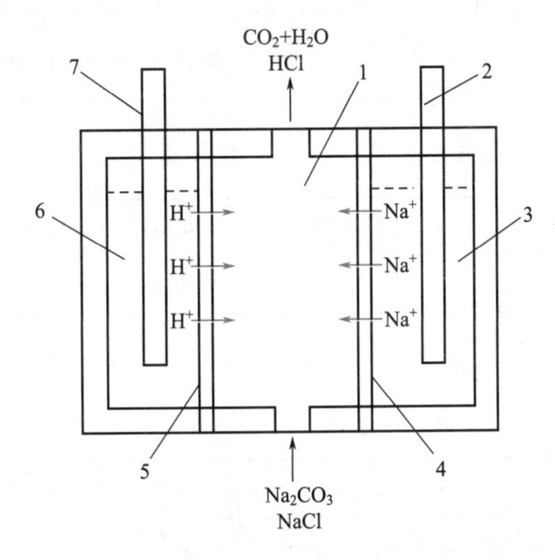

图 12-3　电渗析离子交换膜抑制器示意图

1—抑制室；2,7—电极；3—阴极室；4,5—阳离子交换膜；6—阳极室

阳极　　$H_2O - 2e^- = 2H^+ + \frac{1}{2}O_2\uparrow$

阴极　　$2H_2O + 2e^- = 2OH^- + H_2\uparrow$

由于在电场作用下，阳极室的 H^+ 透过阳离子交换膜进入抑制室，并与 CO_3^{2-}、HCO_3^-、Cl^- 结合形成弱解离的 H_2CO_3 和强解离的 HCl，即

$$2H^+ + CO_3^{2-} = H_2CO_3$$

$$H^+ + HCO_3^- = H_2CO_3$$

$$H^+ + Cl^- = HCl$$

与此同时，抑制室中的 Na^+ 透过阳离子交换膜进入阴极室，结果使洗脱液中 $NaHCO_3$、

Na_2CO_3 转化为 H_2CO_3，大大降低了本底电导，而试样中 NaF、NaCl、NaBr 等都转化为相应的酸 HF、HCl、HBr 等。如前所述，由于 H^+ 的离子淌度是 Na^+、K^+ 等金属离子的 7 倍，这样能在电导检测器上得以检测。

由于离子色谱法具有高效、高速、高灵敏和选择性好等特点，因此常用于环境监测、化工、生化、食品、能源等各领域中的无机阴、阳离子和有机物的分析。此外，离子色谱法还能应用于分析离子价态、化合形态和金属配合物等。

【仪器与试剂】

仪器：离子色谱仪；超声波清洗器；微量进样器（100μL）。

试剂：NaF(AR)；KCl(AR)；$NaNO_2$(AR)；NaH_2PO_4(AR)；NaBr(AR)；$NaNO_3$(AR)；K_2SO_4(AR)；$NaHCO_3$(AR)；Na_2CO_3(AR)；H_3BO_3(AR)；浓 H_2SO_4(AR)；纯水（经 0.45μm 微孔滤膜过滤的去离子水，其电导率<5μS/cm）；未知水样。

【实验步骤】

1. 七种阴离子标准储备液的配制：分别称取适量的 NaF、KCl、NaBr、K_2SO_4（在 105℃下烘干 2h，保存在干燥器内）、NaH_2PO_4、$NaNO_2$、$NaNO_3$（在干燥器内干燥 24h 以上）溶于水中，分别转移到 7 只 1000mL 容量瓶中，然后各加入 10.00mL 洗脱储备液，并用水稀释至刻度，摇匀，备用。七种标准储备液中各阴离子的质量浓度均为 1.00mg/mL。

2. 七种阴离子标准混合使用液的配制：分别吸取上述七种标准储备液体积如下。

标准储备液	NaF	KCl	NaBr	$NaNO_3$	$NaNO_2$	K_2SO_4	NaH_2PO_4
V/mL	0.75	1.00	2.50	5.00	2.50	12.50	12.50

将其置于同一个 500mL 容量瓶中，再加入 5.00mL 洗脱储备液，然后用水稀释至刻度，摇匀，该标准混合使用液中各阴离子质量浓度如下。

阴离子	F^-	Cl^-	Br^-	NO_3^-	NO_2^-	SO_4^{2-}	PO_4^{3-}
ρ/(μg/mL)	1.50	2.00	5.00	10.0	5.00	25.0	25.0

3. 洗脱储备液（$NaHCO_3$-Na_2CO_3）的配制：分别称取 26.04g $NaHCO_3$ 和 25.44g Na_2CO_3（在 105℃下烘干 2h，并保存在干燥器内）溶于水中，并转移到一只 1000mL 容量瓶中，用水稀释至刻度，摇匀。该洗脱储备液中 $NaHCO_3$ 的浓度为 0.31mol/L，Na_2CO_3 浓度为 0.24mol/L。

4. 洗脱使用液（即洗脱液）的配制：吸取上述洗脱储备液 10.00mL 于 1000mL 容量瓶中，用水稀释至刻度，摇匀，用 0.45μm 的微孔滤膜过滤，即得 0.0031mol/L $NaHCO_3$-0.0024mol/L Na_2CO_3 的洗脱液，备用。

5. 抑制液（0.1mol/L H_2SO_4 和 0.1mol/L H_3BO_3 混合液）的配制：称取 6.2g H_3BO_3 于 1000mL 烧杯中，加入约 800mL 纯水溶解，缓慢加入 5.6mL 浓 H_2SO_4，并转移到 1000mL 容量瓶，用纯水稀释至刻度，摇匀。

6. 吸取上述七种阴离子标准储备液各 0.50mL，分别置于 7 只 50mL 容量瓶中，各加入洗脱储备液 0.50mL，加水稀释至刻度，摇匀，即得各阴离子标准使用液。

7. 实验条件

① 分离柱：内径 4mm，长度 300mm，内填粒度为 10μm 阴离子交换树脂；

② 抑制器：电渗析离子交换膜抑制器，抑制电流 48mA；

③ 洗脱液：$NaHCO_3$-Na_2CO_3，流量 2.0mL/min；

④ 柱保护液：3%的 H_3BO_3 溶液（15g H_3BO_3，溶解于 500mL 纯水中）；

⑤ 电导池：5 极；

⑥ 主机量程：5μs；

⑦ 记录仪量程：1mV；

⑧ 记录仪纸速：120mm/h；

⑨ 进样量：100μL。

根据实验条件，将仪器按照操作步骤调节至可进样状态，待仪器上液路和电路系统达到平衡，记录仪基线呈一条直线后，即可进样。

8. 分别吸取 100μL 各阴离子标准使用液进样，记录色谱图。各重复进样 2 次。

9. 工作曲线的测绘：分别吸取阴离子标准混合使用液 1.00mL、2.00mL、4.00mL、6.00mL、8.00mL，于 5 只 10mL 容量瓶中，各加入 0.1mL 洗脱储备液，然后用水稀释到刻度，摇匀，分别吸取 100μL 进样，记录色谱图，各种溶液分别重复进样 2 次。

10. 取未知水样 99.00mL，加 1.00mL 洗脱储备液，摇匀，经 0.45μm 微孔滤膜过滤后，取 100μL 按同样实验条件进样，记录色谱图，重复进样 2 次。

11. 实验结束后，按照操作规程关好仪器。

【数据记录与处理】

1. 记录实验条件

① 分离柱；

② 抑制器；

③ 洗脱液及其流量；

④ 离子色谱仪型号；

⑤ 电导池；

⑥ 主机量程；

⑦ 记录仪量程与纸速；

⑧ 进样量。

2. 测量各阴离子的保留时间 t_R 值，并填入下表。

保留时间	次数	F^-	Cl^-	Br^-	NO_3^-	NO_2^-	SO_4^{2-}	PO_4^{3-}
t_R/min	1							
	2							
	3							
	平均值							

3. 测量标准混合使用液色谱图中各色谱峰的保留时间 t_R 值（与上表 t_R 比较，确定各色

谱峰属何种组分)、半峰宽 $Y_{1/2}$、峰高 h，并计算峰面积 A 和面积平均值 $\overline{A}$，然后填入下表中（以 F^- 为例）。

ρ/(μg/mL)		次数	$Y_{1/2}$/mm	h/mm	A/mm²	$\overline{A}$/mm²	t_R/min
F^-	0.15	1					
		2					
		3					
	0.30	1					
		2					
		3					
	0.60	1					
		2					
		3					
	0.90	1					
		2					
		3					
	1.20	1					
		2					
		3					

4. 由测得的各组分 $\overline{A}$ 作 $\overline{A}$-ρ 的工作曲线，并计算回归方程和相关系数。

5. 确定未知水样色谱图中各色谱峰所代表的组分，并计算峰面积 A，在相应的工作曲线上查出各组分的含量（或通过回归方程计算）。若配有 CDMC-1 型色谱数据处理机，也可打印出水样中各离子的质量浓度。

【注意事项】

1. 试剂及分析用水必须纯净。所用溶液和流动相要保存在聚乙烯瓶中，在使用之前，要先经微孔滤膜过滤。

2. 试样浓度和试样中的基体浓度不宜太大，否则极易损伤色谱柱。

3. 更换洗脱液时，应先将洗脱液超声半小时以上进行脱气，并对管路系统进行排气。

【思考题】

1. 简述离子色谱法的分离机理。

2. 为什么电导检测器可用作离子色谱分析的检测器？

3. 为什么在每一试液中都要加入 1%的洗脱液成分？

4. 简述电渗析离子交换膜抑制器工作原理及其优点。

实验 53　高效液相色谱法测定食品中山梨酸的含量（设计实验）

【实验目的】

1. 了解食品添加剂的作用及对人体的危害。
2. 通过查阅文献拟定合理可行的实验方案。
3. 练习利用高效液相色谱法测定食品中添加剂的方法。

【实验提示】

1. 国家标准中允许食品中添加山梨酸的含量是多少？
2. 国家标准中规定的测定山梨酸的方法是什么？
3. 利用高效液相色谱法测定山梨酸的方法原理是什么？

【设计实验方案】

1. 利用高效液相色谱法测定食品中山梨酸含量时，待测试样的前处理方法是什么？
2. 本实验的方法原理是什么？
3. 如何进行定量分析？
4. 用到的仪器、试剂有哪些？
5. 如何设计实验步骤？
6. 如何处理数据？
7. 注意事项有哪些？

12.5 拓展内容

随着近年来对液相色谱法研究的不断拓展，其在各个领域的应用越来越广泛，涉及的内容也越来越多。高效和超高效液相色谱技术因具有快速、高效等优势，已经成为液相色谱的主流技术；同时，高效液相色谱技术不仅可以加快分析速度，还可以改变峰形，减少有机溶剂的使用，也是色谱发展的一个新领域。高效液相色谱技术的应用领域有以下几个方面。

（1）石油化工领域

高效液相色谱技术在复杂原料油、重质油和石油化工产品及其添加剂的分离和组成分析方面保持了试样原来的结构和性质，试样无损失、可回收，能够替代经典的液相色谱分析技术，实现快速分离以及简单、快速、准确的定性和定量分析。在石油化工生产和产品分析中有着重要的应用价值。

（2）环境领域

多环芳烃及卤代苯等化合物，具有致癌性、难降解性，广泛存在于大气、土壤、水等环境中，通过食物链富集而影响人体健康。荧光对其具有强激发性，高效液相色谱技术结合荧光检测器就能达到极高的选择性，即意味着高效率、高准确率，试样中的其他杂质不需要过多的去分离、净化，即可被检测出来。

(3) 医药领域

高效液相色谱仪以其高效、快速、准确的特点，在药品分析仪器中占主导地位。可对中药及各种原料中有效组分的含量进行测定。同时，在药品的种类鉴别以及在违法添加违禁药物检查时均可采用高效液相色谱法。

(4) 食品安全领域

食品添加剂常用的主要有三类：防腐剂、甜味剂和色素。添加剂的检测方法多种多样，其中液相色谱法的优势非常明显。在检查食品中添加剂以及危害物质含量时，均起着至关重要的作用。尤其是在2008年三鹿奶粉掺入三聚氰胺事件的检测中发挥了重要作用，检测方法既快又准。

第13章 质谱分析法

13.1 质谱分析法的基本原理

质谱分析法主要是通过对试样离子质荷比（m/z）的分析实现对试样定性和定量分析的一种方法。试样分子首先在高真空条件下气化，然后在离解室内被高能量电子轰击或用强电场处理，使其失去一个外层电子而成为带正电的分子离子（$M^{+\cdot}$），即带正电荷的自由基分子离子。由于试样分子获得足够多的高能电子束能量，生成的大多数分子离子具有过剩的能量，因而会继续发生某些化学键的规律断裂，生成各种更小的碎片离子，如正离子、自由基、中性分子和自由基正离子。所有带正电荷的碎片离子在电场和磁场的作用下进入分析管，并在弧形磁场作用下发生曲线轨迹偏离（中性分子或自由基由于不带电而不会被加速，被真空系统抽出）。不同离子的 m/z 不同，m/z 越小，离子的偏离半径越大。当不断增强磁场强度时，这些离子依次经过离子出口狭缝而被分离，随后收集并定量记录这些信息，得到质谱图。

不同 m/z 的离子，当其被加速时势能转换为动能，动能与加速电压和电荷有关，即

$$\frac{1}{2}mv^2=zeU \tag{13-1}$$

式中，v 为离子被加速后的运动速度；U 为加速电压；z 为离子电荷数；m 为离子质量；e 为元电荷，即一个电子的电荷，$e=1.6\times10^{-19}$C。

当离子垂直进入高真空的磁分析器后，受扇形磁场的影响将做圆周运动，当离心力与向心力相等时，则

$$m\frac{v^2}{r}=Bzev \tag{13-2}$$

式中，v 为离子的运动速度；B 为磁感应强度；r 为离子运动的轨道半径。故

$$r=\frac{1}{B}\sqrt{\frac{2U}{e}\times\frac{m}{z}} \tag{13-3}$$

由以上各式可得，如果改变离子的加速电压 U 或磁场强度 B，离子的偏转半径 r 就会发生相应的改变，因此，不同 m/z 的离子可在不同磁场强度 B 的作用下先后通过分析器狭

缝，得到 m/z 从小到大排列的质谱。所得结果即为质谱图（mass spectrum），也称质谱。

通过质谱分子离子峰的 m/z 可获得分子量，碎片离子的 m/z 可获得裂解方式及分子结构等有关信息。高分辨率的质谱仪还可通过测定质量来确定化合物的分子式。

与紫外光谱、红外光谱和核磁共振波谱不同，质谱不是吸收光谱，其发生的不是分子能级的跃迁，而是气态分子的裂解。因此，从本质上讲，质谱不是光谱或波谱，而是质量谱。但由于质谱往往需要与紫外光谱仪、红外光谱仪和核磁共振波谱仪联用，以便高效地发挥其作用，故将它们合称四大“谱”。

13.2 质谱仪的结构

质谱仪是按照电磁学原理进行离子分离的装置，按分析器类型分为五大类：四极杆质谱仪、磁质谱仪、飞行时间质谱仪、傅里叶变换离子回旋共振质谱仪和离子阱质谱仪。

质谱仪主要由真空系统、进样系统、离子源、分析系统（质量分析器）、检测系统、数据处理系统组成，如图 13-1 所示。质谱仪操作复杂，须专人操作和严格控制条件。操作时，为了获得离子的良好分析，必须避免离子损失，因此凡是有试样分子和离子存在和通过的地方，必须处于高真空状态。

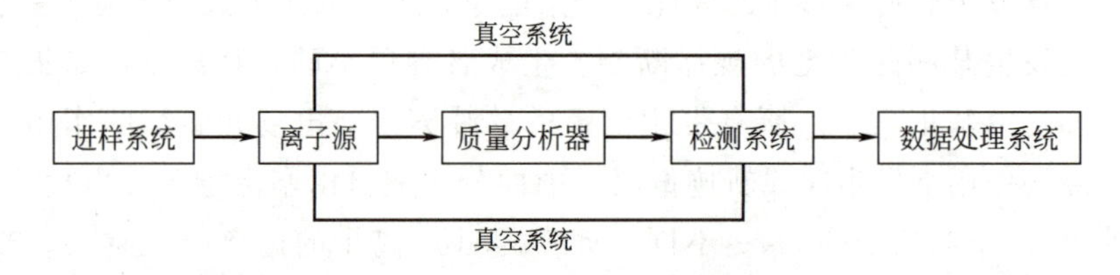

图 13-1 质谱仪结构示意图

13.2.1 真空系统

质谱仪离子产生及经过的系统必须处于高真空状态（离子源真空度应达 $1.3\times10^{-4}\sim1.3\times10^{-5}$ Pa，质量分析器中应达 1.3×10^{-6} Pa）。如果真空度太低，易造成离子源灯丝损坏、本底增高及实验结果复杂化等。一般质谱仪都采用机械泵预抽真空后，再用高效率扩散泵连续地运行以保持真空。

13.2.2 进样系统

进样系统将待测试样引入离子源，在此过程中，必须确保不降低质谱仪的真空度。试样引入方式主要有间歇式进样、直接进样和色谱进样三种。

间歇式进样主要用于气体、低沸点液体和中等蒸气压的固体试样进样。

直接进样是对那些在间歇式进样系统的条件下无法变成气体的固体、热敏性固体及非挥发性液体试样，可直接引入到离子源中。

色谱进样用于复杂混合物分析，混合物中各组分被分离后依次进入质谱。低沸点混合物经毛细管气相色谱分离后，直接将色谱柱插入质谱仪的离子源中。高沸点的混合物则经液相色谱后，通过电喷雾电离等方式电离待测试样，获得质谱信息。

13.2.3　离子源

离子源的功能是将进样系统引入的气态试样分子或原子转化成正离子，并使正离子加速、聚集为离子束，此离子束通过狭缝而进入质量分析器。

离子源是质谱仪的心脏，可以将离子源看作是比较高级的反应器，试样在其中发生一系列的特征降解反应，分解作用在很短时间（1μs）内发生，可以快速获得质谱。离子化的方法主要有电子电离（electron ionization，EI）、化学电离（chemical ionization，CI）、快原子轰击电离（fast atom bombardment ionization，FABI）、电喷雾电离（electrospray ionization，ESI）、大气压化学电离（atomspheric pressure chemical ionization，APCI）、基质辅助激光解吸电离（matrix-assisted laser desorption ionization，MALDI）及场电离（field ionization，FI）等。

EI 电离源

EI 电离源结构

FI 电离源

由于离子化所需要的能量随分子的不同而差异很大，因此，对于不同的分子应选择不同的离子化方法。同一个物质，使用不同的电离源，质谱图是不同的，图 13-2 是在使用不同的离子源时谷氨酸的质谱图。在离子源能量强弱方面，电子电离为硬电离源，其余为软电离源；在工作状态方面，电喷雾电离和基质辅助激光解吸电离为大气压工作状态，其余均为真空状态；在离子化方式方面，电子电离、化学电离为气相离子源，其余为解吸离子源。在此我们主要介绍电子电离和基质辅助激光解吸电离两种。

（1）电子电离

电子电离法是最通用的离子化法，是使用高能电子束从试样分子中撞出一个电子而产生正离子，即

$$M+e^- \longrightarrow M^+ + 2e^-$$

式中，M 为待测分子；M^+ 为分子离子或母体离子。

电子束产生各种能态的 M^+。若产生的分子离子带有较大的内能（转动能、振动能和电子跃迁能），可以通过碎裂反应而消去，如

$$M^+ \begin{cases} M_1^+ \longrightarrow M_3^+ \\ M_2^+ \longrightarrow M_4^+ \end{cases} \cdots$$

式中，M_1^+、M_2^+……为较低质量的离子。而有些分子离子由于形成时获能不足，难以发生碎裂作用，而可能以分子离子被检测到。该方法电离效率较高，操作方便，离子碎片多，提供的结构信息丰富；但有时也存在分子离子峰较弱，不适合热不稳定和难挥发化合物等缺陷。图 13-3 为电子轰击源工作示意图。

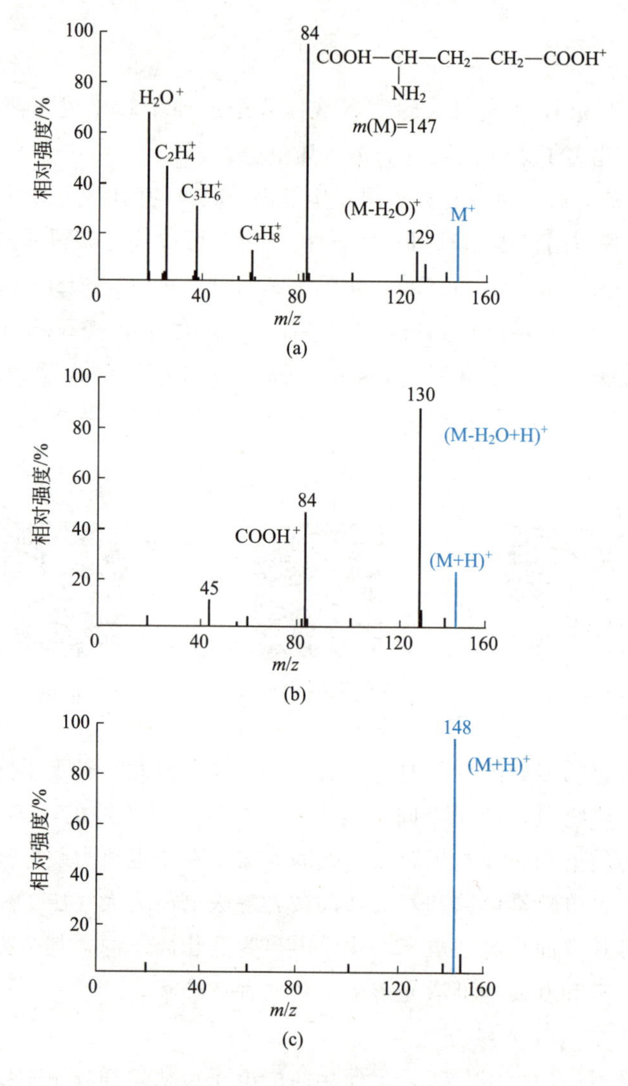

图 13-2 谷氨酸的质谱图

(a) 电子轰击源；(b) 场离子化源；(c) 场解吸源

(2) 基质辅助激光解吸电离

MALDI 是一种间接的光致电离技术，该电离源工作原理如图 13-4 所示。将试样分散于基质中形成共结晶薄膜（通常试样和基质的比例为 1∶10000），用一定波长的脉冲式激光照射该结晶薄膜，基质分子从激光中吸收能量传递给试样分子，使试样分子瞬间进入气相并电离。MALDI 主要通过质子转移得到单电荷离子 M^+ 和 $[M+H]^+$，也会产生基质的加合离子，有时也能得到多电荷离子，较少产生碎片，是一种温和的软电离技术，适用于混合物中各组分的分子量测定及生物大分子如蛋白质、核酸等的测定。

MALDI 中的基质是影响其电离过程的重要因素。基质的主要作用是将能量从激光束传递给试样，提供反应离子；同时使试样得到有效的分散，减少待测试样分子间的相互作用。基质的选择主要取决于所使用的激光波长，其次取决于待分析试样的性质。常用的基质有芥子酸、2,5-二羟基苯甲酸、烟酸等。

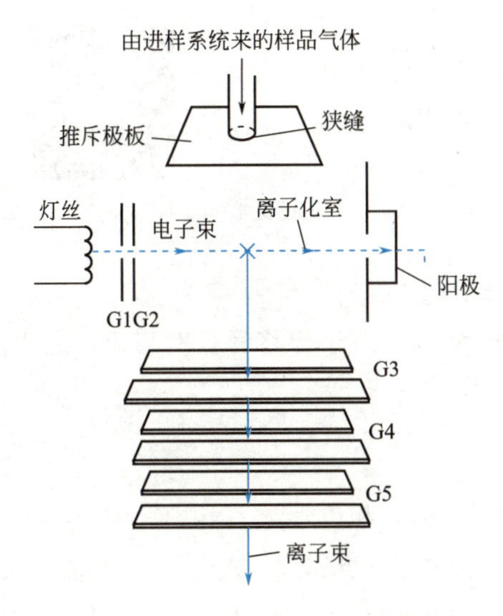

图 13-3 电子轰击源工作示意图

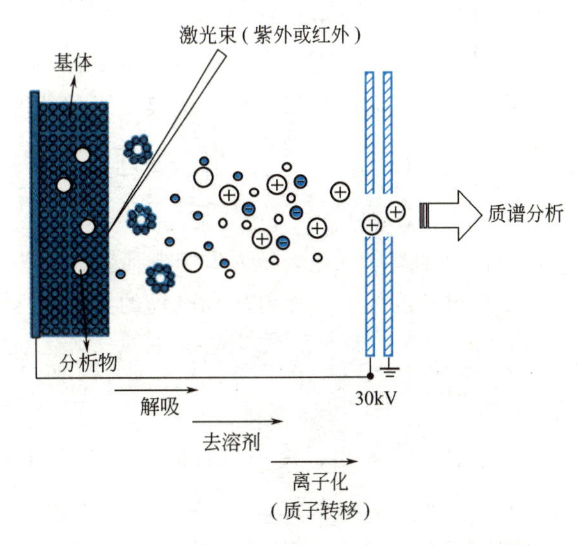

图 13-4 基质辅助激光解吸电离工作原理示意图

13.2.4 质量分析器

质量分析器是质谱仪的核心部分，其作用是将离子源电离得到的离子按 m/z 的大小分离并送入检测器中检测。质谱仪的类型一般就是按照质量分析器来划分的，以下仅介绍几种常用的质量分析器。

(1) 磁式质量分析器

最常用的磁式质量分析器（magnetic analyzer，MA）是扇形磁分析器。它的工作原理是在外加扇形磁场作用下，根据不同 m/z 的离子在飞行过程中发生偏转的角度不同而实现分离，图 13-5 为磁式质量分析器工作示意图。磁分析器分为单聚焦和双聚焦两种。前者仅有扇形磁场，后者除了扇形磁场，还有扇形电场。单聚焦分析器由于不能聚焦 m/z 相同但速度不同的离子，因而分辨率低。常用的双聚焦分析器是在离子源和磁分析器间放置一个静电分析器，当在扇形电极上施加直流电压 U_e时，离子通过此扇形区域的半径 $r_e=U/U_e$，即动能相同的离子，其离子偏转半径相同，即此时发生了能量聚焦。通过改变直流电压 U_e的大小，可以使不同能量的离子先后进入磁分析器。

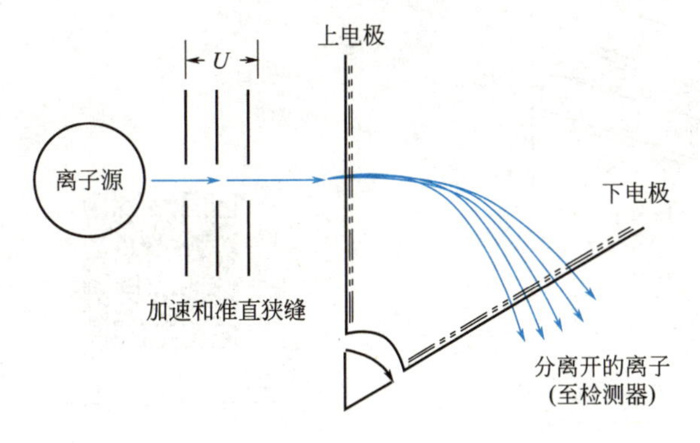

图 13-5 磁式质量分析器工作示意图

磁式质量分析器

离子回旋共振质量分析器

(2) 飞行时间质量分析器

TOF质量分析器

飞行时间质量分析器（time of flight mass analyzer，TOF）是用非磁方式实现的。飞行时间质量分析器中离子飞行的速度 v 可表示为

$$v=\sqrt{\frac{2zU}{m}} \tag{13-4}$$

式中，m 为离子质量；z 为离子电荷数；U 为加速电压。

离子经过长度为 L、无电场和磁场的漂移管区时间为 t，t 等于漂移管长度与速度之比。

$$t=L\sqrt{\frac{m}{z}\times\frac{1}{2U}} \tag{13-5}$$

由以上各式可看出，离子飞行时间 t 取决于离子的 m/z 和电压，在电压及漂移管长度一定时，不同 m/z 的离子飞出漂移管的时间不同，因而得以分离。该分析器不需要磁场和电场，灵敏度高，可测质量范围宽，适合与色谱联用，在生命科学领域的研究中使用较多。但由于离子进入漂移管前存在时间分散、空间分散及能量分散等问题，该方法分辨率较低。

(3) 四极杆质量分析器

四极杆质量分析器又称为四极滤质器。它由四根平行的棒状电极组成，图13-6为四极杆质量分析器结构示意图。在其中两根相对电极上施加电压（$U+U_{\cos\omega t}$），另两根施加一定的射频交流电压$-(U+U_{\cos\omega t})$，U 为直流电压，$U_{\cos\omega t}$ 为射频电压。四根棒状电极组成一个四极电场。在一定的直流电压和射频条件下，只有符合一定 m/z 的离子可通过四极杆到达检测器，其他离子由于碰撞电极而被过滤或吸收，因此，通过改变直流电压和交流电压，或电压不变而改变交流电频率，最终使不同 m/z 的离子按照一定次序到达检测器。四极杆质量分析器的分辨率和 m/z 范围与磁分析器大体相同，其极限分辨率可达2000，典型的约为700。

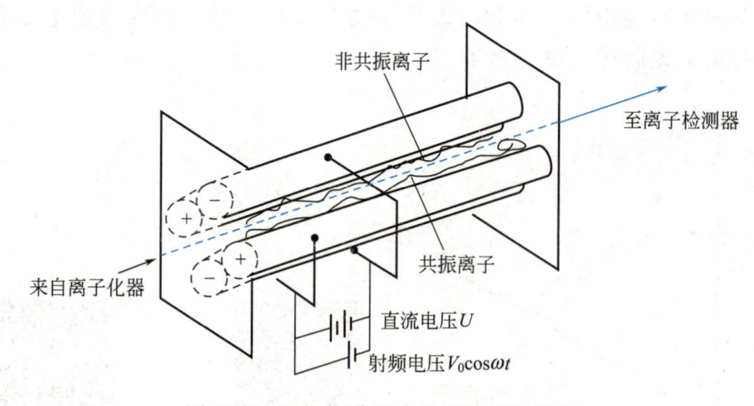

图13-6 四极杆质量分析器结构示意图

四极杆质量分析器

四极杆质量分析器的主要优点是传输效率较高，入射离子的动能或角发散影响不大；其次是可以快速地进行全扫描，而且制作工艺简单，仪器紧凑，常用在需要快速扫描的气质联

用及空间卫星上进行分析。

（4）离子回旋共振分析器

当一气相离子进入或产生于一个强磁场中时，离子将沿与磁场垂直的环形路径运动，称为回旋，其频率 ω_c 可用式(13-6) 表示：

$$\omega_c = \frac{v}{r} = \frac{zeB}{m} \tag{13-6}$$

回旋频率 ω_c 只与 m/z 的倒数有关。增大运动速率时，离子回旋半径亦相应增加。

回旋的离子可以从与其匹配的交变电场中吸收能量（发生共振）。当回旋器外加上这种电场，离子吸收能量后运动速率加快，随之回旋半径逐步增大；停止电场后，离子运动半径又变为原值。

13.2.5　检测与数据处理系统

质谱仪常用的检测器有法拉第筒、电子倍增器、闪烁计数器及照相底片等。近代质谱仪中常采用隧道电子倍增器，其工作原理与电子倍增管相似。因为体积较小，多个隧道电子倍增器可以串联起来，用于同时检测多个 m/z 不同的离子，从而大大提高分析效率。现代质谱仪一般都采用较高性能的计算机对产生的信号进行快速接收与处理，同时通过计算机可以对仪器条件等进行严格的监控，从而使精密度和灵敏度都有一定程度的提高。

13.3　质谱仪的使用方法

质谱仪有多种型号，其质量和性能不尽相同，以安捷伦 G6430 三重四极杆质谱仪为例，介绍其使用方法：

① 打开液氮钢瓶及高纯氮气钢瓶，调整气体压力范围到恰当刻度；

② 打开 UPS 电源，确认电池处于供电状态；

③ 准备 ESI 源调谐液（标号是 G1969-85000）及色谱纯级别的有机溶剂和去离子水；

④ 打开 G6430 及液相色谱各模块电源，打开工作站；

⑤ 待质谱完成启动后，打开 Data Acquisition 软件；

⑥ 在 Devices 栏，等待 Actual 值中 HighVac 对应值小于 3.0×10^{-5} Torr，MS1 Heater 和 MS2 Heater 分别为 100℃且持续时间大于 1h；

⑦ 打开下拉框，让质谱从 Acquisition 界面切换到 Tune 界面，弹出“Do you want to copy source parameters”对话框，选择“No”；

⑧ 待质谱处于 Ready 状态，点击 Autotune 按钮，开始自动调谐，此过程大约持续 20min；

⑨ 成功完成 Autotune 后，让质谱从 Tune 界面切换到 Acquisition 界面，此时会弹出“Do you want to save tune file”对话框，选择“Yes”；

⑩ 依次让泵、柱温箱及 MS QQQ 处于 On 状态，待柱压、电压及各部分温度稳定后，Tune File 选择 atunes. tune. x mL，选择目标质谱模式进行实验；

⑪ 每天实验完成后，在 Devices 栏中选 MS QQQ 点击鼠标，选择 Stand by，让质谱处于待机状态，并且使用 1∶1 异丙醇-水溶液清洗或擦洗离子源；

⑫ 在质谱运行的情况下，每周开启前级泵上的气镇阀 1 次，每次半小时，开启时可以将气镇阀开到最大后，向回转半圈，切忌在质谱运行的情况下关闭气镇阀；

⑬ 如需彻底关闭系统，请先放空系统真空，在 Devices 栏中选 MS QQQ 点击鼠标，选择 Vent，等待真空泵停转且内部真空放空后，系统会给出放空完成的提示，此时方可关闭电源，时间大约持续 15～20min；

⑭ 如需清洁毛细管或进行质谱其他部件的进一步清洗，务必把质谱放空，需联系系统管理员。

13.4 实验内容

实验 54 质谱法确定萘酰亚胺衍生物的分子量

【实验目的】

1. 了解质谱仪的使用和操作规程。
2. 掌握利用质谱法确定分子量的原理。
3. 掌握质谱图的分析方法。

【实验原理】

质谱仪是根据碎片离子的质荷比和碎片离子的相对强度而给出质谱图。分子离子峰的 m/z 可用于准确测定物质的分子量，但是分子离子峰并不一定是最高 m/z 对应的峰，因此，对分子离子峰的判定尤为重要。

在纯试样质谱中，判断分子离子峰应遵循以下几点：

① 原则上除同位素外，分子离子峰为最高质量对应的峰，但某些试样会产生质子化离子 $(M+H)^+$ 峰（如醚、脂、胺等）、去质子化离子 $(M-H)^+$ 峰（如芳醛、醇等）或缔合峰。

② 分子离子峰须符合“氮律”，即由 C、H、O 组成的有机化合物，分子离子峰一定是偶数，但由 C、H、O、N、P 和卤素等元素组成的物质，若含奇数个 N，分子离子峰为奇数，若含偶数个 N，分子离子峰为偶数。

③ 分子离子峰与相邻峰的质量差是否合理，如不合理则不是分子离子峰。

④ 在 EI 源中，若降低电子轰击电压，则分子离子峰的相对强度应增加；若不增加，则不是分子离子峰。

⑤ 分子结构与分子离子稳定性有关，碳原子数较多、碳链较长和有分支的分子，分裂概率大，分子离子峰不稳定，而具有 π 共轭体系的分子离子较稳定，分子离子峰强度大。

有机化合物稳定性大致顺序是：

芳香环＞共轭烯＞烯＞脂环＞羰基化合物＞链糖类＞醚＞酯＞胺＞酸＞醇＞支链烃

在同系物中，分子量越大，则分子离子峰相对强度越小。

【仪器与试剂】

仪器：安捷伦 G6430 三重四极杆质谱仪。

试剂：待测有机试样；三氯甲烷（AR）。

【实验步骤】

1. 开机：开启质谱仪，启动质谱操作软件（具体方法见第 13.3 节）。
2. 设定仪器及实验条件：EI 源，电离电压 70eV，离子源温度 270℃，全离子扫描，扫描范围为 40～400u。
3. 试样准备：取 0.0005g 待测试样溶于 10μL 三氯甲烷中，备用。
4. 进样：待仪器状态达到设定的要求后方可进样。开动质谱扫描。
5. 观察测定过程：观察显示屏上出现的质谱信号，当总离子流信号由小到大然后重新变小时，停止扫描。

【数据记录与处理】

1. 显示并打印试样的质谱图。
2. 解析试样的质谱图，并得出其分子量。

【注意事项】

1. 实验过程中要选择合适的溶剂。
2. 清洗离子源时不要将溶液喷入毛细管入口。

【思考题】

1. 质谱仪为什么要在真空下工作？如果真空度比较低就开始工作，可能会造成什么影响？
2. 哪些因素会影响质谱仪的灵敏度？

实验 55　质谱法确定谷氨酸的分子结构

【实验目的】

1. 进一步熟悉质谱仪的使用和操作规程。
2. 掌握利用质谱图确定分子结构的原理和方法。

【实验原理】

质谱仪是根据碎片离子的 m/z 和碎片离子的相对强度而给出质谱图。结构鉴定是质谱最成功的应用领域，已经普遍应用到有机化学和生物化学领域。利用质谱图进行结构鉴定的方法有两种：一种方法是将未知化合物的质谱图通过计算机检索数据库进行比对；另一种方法是分析谱图中各碎片离子、亚稳离子、分子离子的化学式及 m/z 等信息，再结合化合物的分裂规律，最终推断分子结构。但很多情况下，需要质谱联合紫外光谱、红外光谱或核磁共振波谱等信息才能完成化合物的结构分析。

当化合物的分子量和分子式确定后，可按下列步骤完成质谱解析：首先计算化合物的不饱和度；解析主要的碎片离子峰；综合以上所获信息，推断分子的可能结构；再结合紫外光谱、红外光谱或核磁共振波谱等信息进一步确认分子结构；最后与标准谱图进行对比验证。

【仪器与试剂】

仪器：安捷伦 G6430 三重四极杆质谱仪。

试剂：待分析有机试样；四氢呋喃（AR）。

【实验步骤】

1. 开机：开启质谱仪，启动质谱操作软件（具体方法见第 13.3 节）。

2. 设定仪器及实验条件：EI 源，电离电压 70eV，离子源温度 270℃，全离子扫描，扫描范围为 40～400u。

3. 试样准备：取 0.0005g 待测试样溶于 10μL 四氢呋喃中，备用。

4. 进样：待仪器状态达到设定的要求后方可进样，开动质谱扫描。

5. 观察测定过程：观察显示屏上出现的质谱信号，当总离子流信号由小到大然后重新变小时，停止扫描。

【数据记录与处理】

1. 显示并打印试样的质谱图。

2. 解析试样的质谱图，通过对谱图中各碎片离子、亚稳离子、分子离子的化学式、m/z、相对峰高等信息，根据化合物的分裂规律，找出碎片离子产生的途径，从而拼凑出整个分子结构。

【注意事项】

1. 注意开机顺序，严格按照操作手册规定顺序进行。真空度达到规定值后才可以进行仪器调整。

2. 采集数据结束后，色谱仪降温，关闭质谱仪灯丝、倍增管等，然后进行数据处理。

【思考题】

1. 进样量过大或过小可能对质谱产生什么影响？

2. 根据质谱图如何判断分子结构，还有什么方法进行辅助定性分析？

实验 56 质谱法测定红霉素药膏的主要成分（设计实验）

【实验目的】

1. 了解红霉素药膏的主要成分。

2. 掌握利用质谱法测定红霉素药膏主要成分的原理和方法。

3. 熟练文献的查阅方法并设计出合理可行的实验方案。

【实验提示】

1. 通过查阅文献了解红霉素药膏的主要成分是什么？

2. 利用质谱法测定药物中主要成分的原理是什么？如何进行定性和定量分析？

3. 质谱法中，如果直接测定固体试样中的主要成分，应该采用哪种进样方式？

4. 根据现有文献报道还可用哪些方法测定药物中的主要成分？

【设计实验方案】

1. 方法原理是什么？
2. 定性和定量方法各是什么？
3. 用到的仪器、试剂有哪些？
4. 如何设计实验步骤？
5. 如何处理数据？
6. 注意事项有哪些？

13.5 拓展内容

质谱的发展历程

20 世纪初，J. J. Thomson 研制出第一台质谱仪。

1918 年，F. L. Arnot 和 J. C. Milligan 发明了磁扇面方向聚焦质谱。

1946 年，W. E. Stephens 发明了飞行时间（TOF）质谱。

1953—1958 年，W. Paul 发明了四极杆质谱分析仪。

19 世纪 60 年代，化学电离和场分解质谱出现。

19 世纪 70 年代，二级离子质谱、傅里叶变换质谱、等离子解吸质谱、激光解吸质谱、液相色谱-质谱联用技术等相继出现。

19 世纪 80 年代，激光共振电离质谱、基质辅助激光解吸质谱、快原子轰击质谱、电喷质谱技术出现。

20 世纪 60 年代末，气相色谱-质谱联用技术的发展日趋完善。

20 世纪 80 年代，液相色谱-质谱联用技术也进入实用阶段，这使气相色谱法和高效液相色谱法的高效能分离混合物的特点，与质谱法的高分辨率鉴定化合物的特点相结合，加上电子计算机的应用，这样就大大地提高了质谱仪器的效能，为分析组成复杂的有机化合物混合物提供了有力手段。

第 14 章 核磁共振波谱法

14.1 核磁共振波谱法的基本原理

核磁共振（nuclear magnetic resonance，NMR）波谱法是指利用核磁共振信号来获取化学结构及分子动力学信息的技术。NMR 现象是指磁矩不为零的原子核在外磁场作用下发生塞曼分裂，受到某一特定频率的射频辐射作用后，发生能级跃迁的物理过程。目前，NMR 主要用于阐明分子（如有机分子、生物大分子等）的化学结构，研究动力学过程，用于药物设计和筛选以及生物学、医学成像等。在有机化学研究中 NMR 已经成为常规分析测试手段，同样，在医疗上核磁共振成像（nuclear magnetic resonance imaging，NMRI）亦成为某些疾病的诊断手段。

14.1.1 原子核的自旋

原子核除具有质量、电荷外，许多核还有自旋。当原子核自旋时，自旋角动量 P 与自旋量子数 I 的关系见式(14-1)：

原子自旋

$$P=\frac{h}{2\pi}\sqrt{I(I+1)} \tag{14-1}$$

式中，h 为普朗克常数。

有些核的自旋量子数 I 为整数（即 $I=1,2,3\cdots$），有些为半整数（即 $I=1/2,3/2,5/2\cdots$），但也有些核没有自旋（即 $I=0$）。由上述公式可知，当 $I=0$ 时，$P=0$，即原子核没有自旋现象。只有当自旋量子数 $I\neq0$ 时，原子核才能产生 NMR 现象，自旋量子数 I 与质量数和原子序数的关系如表 14-1 所示。

表 14-1　自旋量子数 *I* 与质量数和原子序数的关系

质量数	电荷数	自旋量子数	NMR 信号
偶数	偶数	I 为 0(^{12}C,^{16}O,^{32}S)	无
偶数	奇数	I 为整数(^{14}N,^{2}H,^{10}B)	有
奇数	奇数或偶数	I 为半整数(^{1}H,^{13}C,^{15}N,^{31}P)	有

其中，$I=1/2$ 的核（如^{1}H 和^{13}C），核电荷的分布是球对称的，NMR 现象较为简单，可以得到高分辨的 NMR 谱，其 NMR 谱是研究最多、应用最广的。

14.1.2　自旋核的核磁共振现象

原子核自旋会产生一个核磁矩，其相应的核磁偶极矩 μ 与自旋角动量 P 成正比，见式(14-2)：

$$\mu=\gamma P \tag{14-2}$$

能级裂分

式中，γ 为磁旋比。

核磁矩的自旋取向是量子化的，可由磁量子数 m 确定，$m=I$，$(I-1)$，$(I-2)$，…，$-I$，共 $(2I+1)$ 种取向。自旋角动量在 z 方向的投影可用式(14-3) 表示：

$$P_z=\frac{mh}{2\pi} \tag{14-3}$$

屏蔽效应

以 $I=1/2$ 的核为例，m 有 $1/2$ 和 $-1/2$ 两种取向，当施加一个强磁场(B_0) 后，核磁矩与外加磁场平行或反平行，平行和反平行于 B_0 的核磁矩之间产生了能级差 ΔE（图 14-1）：

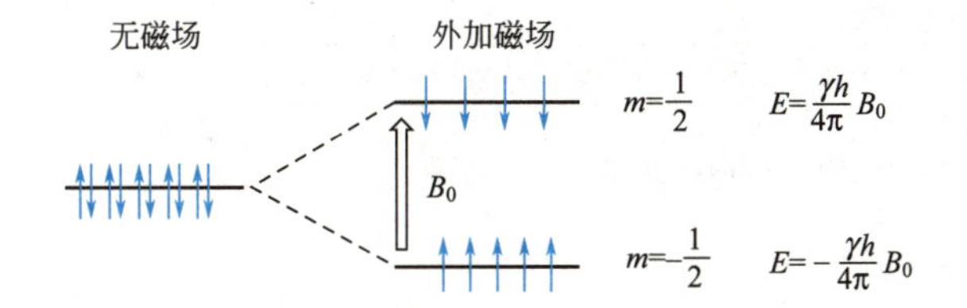

图 14-1　$I=1/2$ 的核在磁场中的行为

相邻能级之间发生跃迁的能量差见式(14-4)：

$$\Delta E=\frac{\gamma h}{2\pi}B_0 \tag{14-4}$$

电磁波具有波粒二象性，如式(14-5) 所示：

$$\Delta E=h\nu \tag{14-5}$$

所以得到式(14-6)：

$$\nu=\frac{\gamma}{2\pi}B_0 \tag{14-6}$$

外加射频场提供与进动频率 ν 相当的能量，自旋核吸收能量，从低能级向高能级跃迁，就会产生 NMR 现象。

14.2　核磁共振波谱仪的结构

20 世纪后半叶，由于有机结构分析和医疗诊断领域的迫切需求，NMR 技术发展迅速。产生 NMR 有两种方法：扫频法（固定磁场 B_0，改变射频的频率）和扫场法（固定射频的频率，改变磁场 B_0）。按这两种工作方式，NMR 波谱仪可分为连续波核磁共振仪

（CW-NMR）和脉冲傅里叶变换核磁共振仪（PFT-NMR）。CW-NMR 易操作，但其灵敏度差，对低丰度的核如^{13}C无法测定。20 世纪 70 年代中期出现了 PFT-NMR，使^{13}C NMR 的研究得以迅速开展。

NMR 波谱仪主要由五部分组成：磁场系统、探头、射频发射系统、信号接收系统和信号处理与控制系统。PFT-NMR 波谱仪的工作框图如图 14-2 所示。

（1）磁场系统

NMR 波谱仪的磁场有两大类：永久磁铁和超导磁体。永久磁铁场强大约为 60MHz，现在的超导磁体的场强可达 1000MHz。磁体产生 NMR 跃迁所需的磁场，为了维持这个超导系统，磁体的核心需要液氮冷却到非常低的温度。

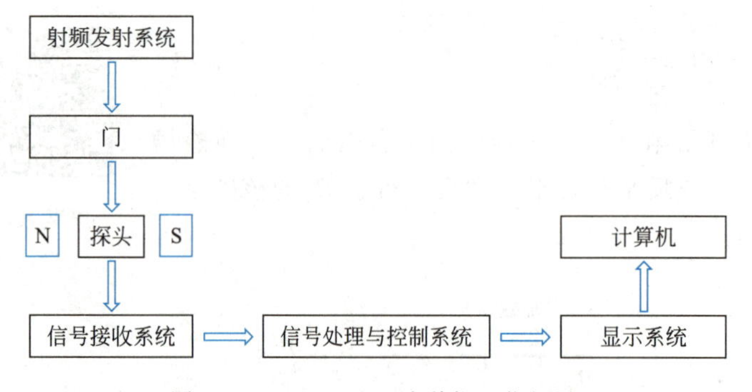

图 14-2　PFT-NMR 波谱仪工作框图

核磁共振法
工作原理

（2）探头

探头是整个仪器的心脏，插入磁体的底部，位于室温匀场线圈的内部，包括样品管支架、发射线圈和接收线圈等，主要功能是支撑试样，发射激发试样的射频信号并接收共振信号。

（3）射频发射系统

射频发射系统就是用稳定的石英振荡器产生射频。射频振荡器的线圈垂直于磁场，射频源发射的脉冲通过探头上的发射线圈照射到试样上。

（4）信号接收系统

当射频脉冲发射并施加到试样上后，自由感应衰减 FID 信号被信号接收系统接收，信号经前置放大器放大、检波、滤波等处理，变换为数字信号，经计算机快速采样，FID 信号被记录下来。

（5）信号处理与控制系统

信号处理与控制系统负责对接收的 FID 信号累加并变换处理，并协调控制各系统有条不紊地工作。

14.3 核磁共振波谱仪的使用方法

以 Bruker 500 型 PFT-NMR 波谱仪为例介绍 NMR 波谱仪的操作规程。在正常操作时，即使没有进行实验，机柜主单元、子单元和电脑主机都处于打开状态。

① 进样：进入到 topspin 操作界面，用高度量桶准确测量核磁管高度后，lift on 命令，气体自动吹出，等到感觉气流最大时，放入试样，然后 lift off 命令，试样自动下滑到探头位置。

② 新建文件：可以直接输入 edc 命令新建一个实验，填写实验的名称，选择对应实验的脉冲序列，键入 getprosol 获取仪器参数。

③ 锁场：键入 lock 命令，弹出溶剂对话框，选择所用的氘代试剂，选择后仪器自动完成锁场工作，最后出现 lock finished 字样。

④ 匀场：键入 topshim 字样，仪器进入到自动匀场过程。匀场结束出现 topshim finished 字样，表示匀场结束。

⑤ 调谐：键入 atma 字样，仪器自动调谐。

⑥ 采样前准备：键入 rga 命令，仪器将根据试样浓度情况调整仪器增益。

⑦ 开始采样：键入 zg 命令，仪器将进行采样。

⑧ 谱图处理：实验结束后，键入 efp 命令对原始数据进行傅里叶变换处理。键入 apk 命令进行相位调整，键入 abs 命令进行基线平滑，利用鼠标左键选择需要输出的范围，在命令行中键入 plot 命令，进入到 topspin plot 编辑器中，选择打印命令即可完成打印。

14.4 实验内容

实验 57　乙基苯的 ^{1}H NMR 谱图测试及结构分析

【实验目的】

1. 掌握 Bruker 500 型 PFT-NMR 波谱仪 ^{1}H NMR 谱的基本操作。

2. 掌握 ^{1}H NMR 谱图的特征和测试方法。

【实验原理】

磁场中的 ^{1}H 原子核受到射频脉冲激发后，发生跃迁，产生 NMR 现象。利用 NMR 波谱仪将这种共振现象记录下来，可用于分析化合物的结构。^{1}H NMR 谱图可以得到质子氢的化学位移。待测有机物中氢原子所处的化学环境不同，其所感受到的电子云屏蔽作用不同，在磁场中的共振频率也就不同，那么在谱图中质子氢的出峰位置也就不同。因此，可以根据其不同的出峰位置判断周围的官能团。

影响化学位移的因素很多，比如一些强的吸电子基团，如卤素、硝基等，可以通过诱导效应降低氢核外围的电子云密度，屏蔽效应也就随之降低，使核的共振频率向低场移动，对应的化学位移变大。

受邻近核的自旋偶合的影响，能够引起特定核的吸收峰裂分，这也是 NMR 谱图中的重要信息，可以由此判断分子中各基团的空间位置与连接方式。另外，对于 ^{1}H NMR 谱而言，谱峰的信号强度与氢原子的数量相关，即氢谱谱峰面积与氢原子个数成正比。

对于结构较简单的有机化合物，利用其氢谱谱图中的化学位移值、谱峰的裂分数目以及谱峰面积等信息，可以推断待测试样的分子结构式。

【仪器与试剂】

仪器：Bruker 500 型 PFT-NMR 波谱仪；NMR 样品管（直径 5mm）。

试剂：乙基苯（AR）；氘代氯仿（AR）；四甲基硅烷（AR）。

【实验步骤】

1. 试样制备：取适量试样溶于含四甲基硅烷（TMS）的氘代试剂中，然后加入 NMR 样品管中，体积大约 400～600μL。

2. 进样：用擦镜纸将核磁管擦干净，套上转子，用高度量桶准确测量核磁管高度，在 topspin 操作界面，lift on 命令，气体自动吹出，等到感觉气体气流最大时，放入试样，然后 lift off 命令，试样自动下降到探头位置。

3. 采样前操作：输入 edc 命令新建一个实验，选择氢谱对应的脉冲序列。输入 lock、topshim、atma 命令，选择氘代氯仿锁场，完成匀场和调谐。键入 rga 命令，仪器将根据试样浓度调整增益。

4. 开始采样：键入 zg 命令，仪器进行采样。

5. 谱图处理：实验结束后对原始数据进行傅里叶变化处理。键入 apk 命令进行相位调整，键入 abs 命令基线平滑，利用鼠标左键选择需要输出的范围，在命令行中键入 plot 命令，进入到 topspin plot 编辑器中，选择打印命令即可完成打印。

【数据记录与处理】

1. 由核磁共振谱图中的谱峰的组数，确定化合物分子的等价质子氢的组数；

2. 由各组谱峰的积分面积判断各组质子的相对数目，若分子总的氢原子个数已知，则可以算出每组峰的氢原子的个数；

3. 解析谱图，找出各峰的化学位移 δ，确定质子类型；

4. 由共振信号的裂分数目和偶合常数，推测各组等价质子之间的关系，谱线的分裂数服从（$n+1$）规则，n 为邻近基团的质子数；

5. 根据化学位移 δ、峰面积、峰裂分数来推测可能的分子结构。

【注意事项】

1. 不要在磁体室内使用金属座椅，不要在磁体附近放置螺丝刀及螺丝钉，不要使用钢铁做成的梯子。

2. 严禁心脏起搏器使用者接近磁体。

3. 测试人员不要携带银行卡、信用卡、精密机械、钟表、磁带、磁盘等磁化物靠近磁体。

4. 实验前检查是否有他人的实验正在进行中，不要随意关闭计算机上已经打开的任何窗口，严禁修改和删除任何文件。

【思考题】

1. 核磁共振现象是怎样产生的？

2. 化学位移是否随外加磁场强度的改变而改变？为什么？

实验 58 正丙醇的^{13}C NMR 谱图测试及结构分析

【实验目的】

1. 了解 Bruker 500 型 PFT-NMR 波谱仪的基本结构。
2. 掌握 Bruker 500 型 PFT-NMR 波谱仪^{13}C NMR 谱的测试基本操作。
3. 掌握^{13}C NMR 谱图的特征和谱图解析方法。

【实验原理】

自然界中碳以^{12}C、^{13}C、^{14}C 等多种同位素存在，^{12}C、^{13}C 核的天然丰度分别为 98.93%和 1.1%，但^{12}C 核自旋量子数为 0，不是磁性核，不能产生 NMR 信号，不能作为 NMR 的研究对象。^{13}C 核和^{1}H 核一样，是自旋量子数为 1/2 的自旋核，能产生 NMR 信号，可利用其 NMR 波谱获得有机分子碳骨架的结构信息。然而，^{13}C 原子核的天然丰度比较低，要想获得信噪比比较好的^{13}C NMR 谱图，试样浓度要远大于氢谱的浓度，或者需要几小时甚至几十个小时长时间信号累加。碳谱获得的主要信息是碳的化学位移，其化学位移范围较宽，可以达到 200 以上，而且一种化学环境中的碳原子仅可以出一条谱峰，峰间的重叠可能性较小，容易分辨。

【仪器与试剂】

仪器：Bruker 500 型 PFT-NMR 波谱仪；NMR 样品管（直径 5mm）。

试剂：正丙醇（AR）；氘代氯仿（AR）；四甲基硅烷（AR）。

【实验步骤】

碳谱所需试样浓度远大于氢谱，试样质量在 20mg 以上。碳谱测试时，将实验 57 中的脉冲序列改为碳谱对应序列，其他操作参考实验 57 中的实验步骤。

【数据记录与处理】

参考实验 57 中的处理步骤。

【注意事项】

参考实验 57 中的注意事项。

【思考题】

1. 简述^{13}C NMR 谱图中，化学位移的影响因素有哪些？
2. 操作 NMR 波谱仪的注意事项有哪些？
3. 列举四甲基硅烷作为参比物的优点。

实验 59 核磁共振波谱法测定常用有机溶剂的结构

【实验目的】

1. 掌握核磁共振谱图的解析方法。

2. 加深对化学位移的理解。

【实验原理】

核磁共振现象是在外加磁场作用下，磁矩不为零的核发生塞曼分裂，受到某一特定频率的射频辐射作用后，原子核吸收射频场的能量发生跃迁，得到化合物的核磁共振谱图。由谱图上得到各基团质子的化学位移、裂分峰数目、耦合常数和积分曲线等，从而确定该化合物的结构。

【仪器和试剂】

仪器：核磁共振波谱仪；NMR 样品管（直径 5mm）；标准样品管一支。

试剂：四甲基硅烷（TMS）；氘代氯仿；乙酸乙酯、乙醇、二氯甲烷等（均为 A. R.）。

【实验步骤】

参考核磁共振波谱仪的操作规程。

【数据记录与处理】

参考实验 57 中的数据记录与处理。

【注意事项】

1. 实验时只允许使用合格的核磁共振样品管。实验开始前，需确认仪器内是否有核磁管，如果有的话，请先取出核磁管。

2. 实验结束后，需认真填写仪器使用记录。

【思考题】

1. 核磁共振波谱仪的主要组成部分及功能有哪些？

2. 如何对照化合物的结构分析核磁共振数据？

实验 60 化合物 $C_7H_{12}O_3$ 的 ^1H NMR、^{13}C NMR 谱图测试及结构解析（设计实验）

【实验目的】

1. 掌握 ^1H NMR 和 ^{13}C NMR 相结合解析化合物结构的方法。

2. 熟练文献的查阅方法并设计出合理可行的实验方案。

【实验提示】

1. 根据化合物的溶解性选取合适的氘代试剂作为溶剂。

2. 通过查阅文献掌握利用氢谱和碳谱推导化合物结构的一般步骤和方法。

【设计实验方案】

1. 实验的方法原理是什么？

2. 用到的仪器、试剂有哪些？

3. 如何设计实验步骤？

4. 利用氢谱和碳谱谱图如何推导化合物结构？

5. 注意事项有哪些？

14.5 拓展内容

NMR 波谱法的起源和发展

哈佛大学的 E. Purcell 小组和斯坦福大学的 F. Bloch 小组在 1946 年采用射频技术进行了 NMR 实验，开发了 NMR 波谱法。1991 年，R. Ernst 获得了诺贝尔化学奖，表彰他对高分辨率 NMR 波谱法的发展做出的贡献。2002 年瑞士科学家 K. Wüthrich 利用 NMR 波谱法确定了溶液中生物大分子的三维结构，获得了诺贝尔化学奖。P. Mansfield 和 P. Lauterbur 发展了 NMR 成像技术，为医学诊断和生物细胞研究领域的突破性进展做出了重大贡献，在 2003 年共同获得诺贝尔生理学或医学奖。

第15章 色谱-质谱联用分析法

色谱仪是很好的分离装置，但不能对化合物定性，质谱仪是很好的定性分析仪器，但要求是纯试样。将色谱和质谱联合起来，就可以使分离和鉴定同时进行，对于混合物的分析是一种比较理想的仪器。因此，从20世纪60年代末，人们开始将色谱-质谱技术联用，使色谱高效分离试样的能力与质谱的高分辨鉴定能力相结合，加上计算机的使用，可有效地实现试样的定性、定量分析。现在比较成熟的联用技术为气相色谱-质谱法（gas chromatography-mass sepetrometry，GC-MS）、液相色谱-质谱法（liquid chromatography-mass sepetrometry，LC-MS）。

15.1 色谱-质谱联用分析法的基本原理

15.1.1 气相色谱-质谱联用技术的基本原理

气相色谱法是一种以载气为流动相的分离技术。气相色谱的详细原理请参阅本书第11章。质谱法的详细原理请参阅本书第13章。将气相色谱高效分离能力与质谱法准确定性特点相结合，已成为当今对易挥发、热稳定的有机混合物进行定性、定量分析的主要手段。目前气相色谱-质谱法已广泛应用于石油化工、药物分析、环境分析、食品、农业、刑侦、缉毒等众多行业的分析工作中，国家颁布的很多标准检测方法都要求采用气相色谱-质谱法。

气质联用仪工作原理

15.1.2 液相色谱-质谱联用技术的基本原理

液相色谱法是一种以液体为流动相的分离技术。液相色谱-质谱分析方法的建立包括两部分，即高效液相色谱法和质谱法。高效液相色谱分析方法在第12章中已经介绍，本章不再重复叙述。需要指出的是，根据液相色谱-质谱联用的特点，通常液相色谱部分采用反相色谱的方式进行试样的分离。液相色谱-质谱法在生物、医药、化工、农业和环境等各个领域均得到了广泛的应用。

液质联用仪工作原理

15.2 色谱-质谱联用仪的结构

色谱-质谱联用仪结构如图15-1所示，主要由色谱部分、质谱部分和数据处理系统组

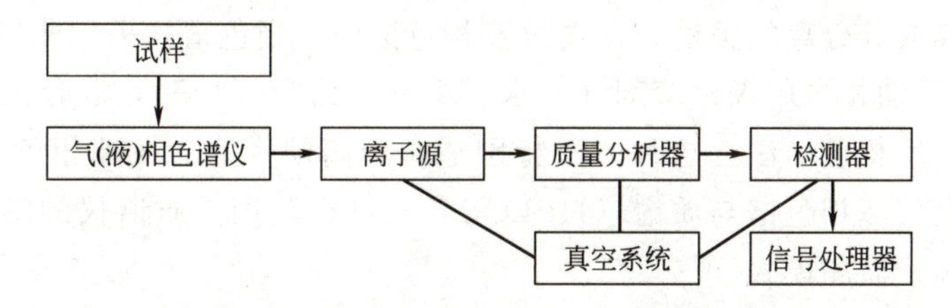

图 15-1　色谱-质谱联用仪结构示意图

成。混合物经过色谱仪分离之后，再由适当的接口引入质谱的离子源中。结合所得到的色谱图和质谱图的信息可以对所测试样的成分及含量进行分析。

15.2.1　气相色谱-质谱联用仪的结构

气相色谱-质谱联用仪将气相色谱仪作为质谱仪的进样系统，首先实现对待分析物组成的定性分析，再以标准物质进行定量分析。气相色谱-质谱仪的色谱部分和一般气相色谱仪的基本相同，包括载气系统、进样系统、汽化室、色谱柱、温控系统等（详情请参阅本书第 11 章）。将混合物或化合物经分离后以气态引入作为检测器的质谱仪。质谱仪一般由进样系统、离子源、质量分析器、检测器、数据处理系统等部分组成（详情请参阅本书第 13 章）。常用的离子源有电子轰击电离源、化学电离源、电喷雾电离源、基质辅助激光解吸电离源。其中电子轰击电离源和化学电离源常作为气相色谱-质谱分析的电离源，这两种电离源均要求待分析物是热稳定、易挥发的物质，这一要求恰好与气相色谱分析对试样的要求相吻合。质谱中常用的质量分析器有磁分析器、四极杆质量分析器、飞行时间质量分析器、离子阱质量分析器和离子回旋质量分析器，这些质量分析器都可以作为气相色谱-质谱分析的质量分析器。目前四极杆质量分析器常用于气相色谱-质谱联用仪。气相色谱-质谱联用仪的基本构成如图 15-2 所示。

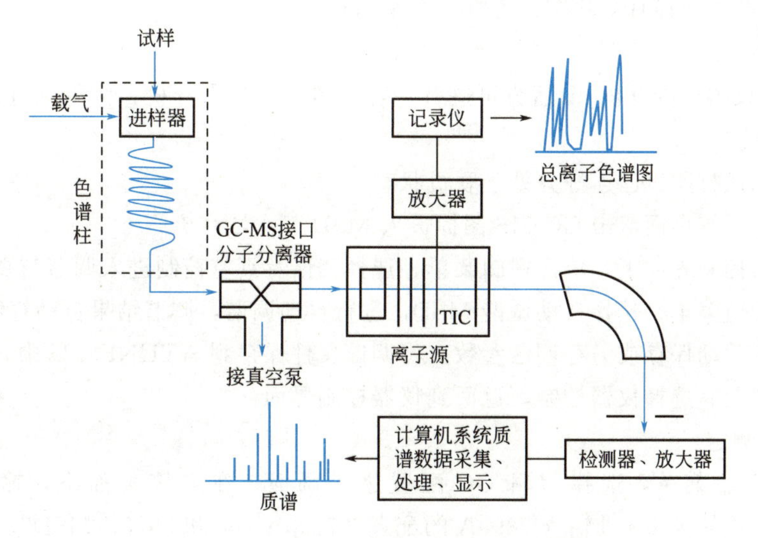

图 15-2　气相色谱-质谱联用仪的基本构成

15.2.2　液相色谱-质谱联用仪的结构

液相色谱仪包括溶剂输送系统（高压泵等）、进样器、色谱柱、检测器等。色谱柱和流动相的选择是试样成分分离的关键。在高效液相色谱中，当色谱柱采用非极性固定相（如十八烷基键合相），流动相采用极性溶剂（如水、甲醇、乙腈等）时，混合试样中极性较大的试样先流出，称为反相色谱法，这种方法特别适合分离同系物。在液相色谱-质谱联用分析技术中一般采用高效液相色谱与质谱（HPLC-MS）进行联用。质谱仪的常规分析模式有全扫描模式、选择离子监测模式。

① 全扫描模式：最常用的扫描方式之一，扫描的质量范围覆盖待测化合物的分子离子和碎片离子的质量，得到的是化合物的全谱，可以用来进行谱库检索，一般用于未知化合物的定性分析。

② 选择离子监测模式：不是连续地扫描某一质量范围，而是跳跃式地扫描某几个选定的质量，得到的不是化合物的全谱。主要用于目标化合物检测和复杂混合物中杂质的定量分析。

15.3 色谱-质谱联用仪的使用方法

15.3.1 气相色谱-质谱联用仪的使用方法

以安捷伦 7890A/5975C 型气相色谱-质谱联用仪为例，介绍其使用方法如下。

（1）开机

① 打开氦气瓶，将分压表调到 0.5～0.7MPa。

② 打开计算机，同时打开 GC 和 MS 电源，等待仪器自检完毕。

③ 双击电脑桌面上 GC-MS 图标，进入 MSD 化学工作站。

④ 在仪器控制界面下，单击视图菜单，选择调谐及真空控制，进入调谐与真空控制界面，在真空菜单中选择真空状态，观察真空泵运行状态。

（2）调谐

调谐应在仪器至少开机 2h 后方可进行，若仪器长时间未开机，为得到好的调谐结果将时间延长至 4h。

① 首先确认打印机已连好并处于联机状态。

② 在操作系统桌面双击 GC-MS 图标进入 MSD 工作站系统。

③ 在仪器控制界面下，单击视图菜单，选择调谐及真空控制进入调谐与真空控制界面。

④ 单击调谐菜单，选择自动调谐 MSD，进行自动调谐，调谐结果自动打印。

⑤ 如果要手动保存或另存调谐参数，将调谐文件保存到 ATUNES. U 中。

⑥ 点击视图，选择仪器控制，返回到仪器控制界面。

（3）试样测定

① 点击仪器菜单，选择编辑 GC 配置进入画面。在连接画面下，输入 GC Name“GC7890A”，可在 Notes 处输入 7890A 的配置“7890A GC 和 5975C MSD”。点击获得 GC 配置按钮获取 7890A 的配置。

② 柱模式设定：点击色谱柱图标，进入柱模式设定画面，在画面中，点击鼠标右键，选择从 GC 下载方法，再用同样的方法选择从 GC 上传方法；点击 1 处进行柱 1 设定，然后选中 On 左边方框；选择控制模式，流速或压力。

（4）进样口参数设定

① 点击进样口图标，进入进样口设定画面。点击 SSL-按钮进入毛细柱进样口设定画面。

② 点击模式右方的下拉式箭头，选择进样方式为分流方式，分流比为 50∶1，在空白框内输入进样口的温度为 220℃，然后选中左边的所有方框。选择隔垫吹扫量模式标准，输入隔垫吹扫流量为 3mL/min。

（5）柱温箱温度参数设定

点击“柱温”图标，进入柱温参数设定。选中“柱温箱温度为开”左边的方框；输入柱子的平衡时间为 0.25min。

（6）数据采集方法编辑

从方法菜单中选择编辑完整方法项，选中除数据分析外的三项，点击确定。编辑关于该方法的注释，然后点击确定。

（7）编辑扫描方式质谱参数

① 编辑溶剂延迟时间以保护灯丝，调整倍增器电压模式（此仪器选用增益系数），选择要使用的数据采集模式，如全扫描、选择离子监测等。

② 编辑选择离子监测模式参数：点击参数编辑选择离子参数，驻留时间和分辨率参数适用于组里的每一个离子。在驻留列中输入的时间是消耗在选择离子的采样时间，它的缺省值是 100ms。它适用于在一般毛细管 GC 峰中选择 2～3 个离子的情况。如果多于 3 个离子，使用短一点的时间（如 30ms 或 50ms）。加入所选离子后点击添加新组，编辑完选择离子监测参数后关闭。

（8）采集数据

① 点击 GC-MS 图标，在方法文件夹中选择所要的方法。

② 选好方法后，依次输入文件名、操作者、试样等相关信息，完成后点确定键，待仪器准备好后进样的同时按 GC 面板上的 Start 键，以完成数据的采集。

③ 当工作站询问是否取消溶剂延迟时，回答 NO 或不选择。如果回答 YES，则质谱开始采集，容易损坏灯丝。

（9）数据分析

① 点击 GC-MS 数据分析图标，点击文件调入数据文件。

② 在全扫描模式中要得到某化合物的名称，先右键双击此峰的峰高，然后再右键双击峰附近基线的位置得到本底的质谱图，然后在菜单文件下选择背景扣除即可得到扣除本底后该化合物的质谱图，最后右键双击该质谱图，便得到此化合物的名称。

③ 用鼠标右键在目标化合物 TIC 谱图区域内拖拽可得到该化合物在所选时间范围内的平均质谱图，右键双击得到单点的质谱图。

④ 在选择离子扫描方法中选择不需要背景扣除操作。

（10）定量

定量是通过将来自未知样化合物的响应与已测定化合物的响应进行比较来进行的。

手动设置定量数据库：

① 选择校正/设置定量访问定量数据库全局设置页。

② 手动检查由测定试样数据文件生成的色谱图。

③ 通过单击色谱图中化合物的峰来分别选择每种化合物。

④ 在显示的谱图中选择目标离子。

⑤ 选择此化合物的限定离子。

⑥ 给化合物命名，如果此化合物是内标，则应标识。

⑦ 将此化合物的谱图保存至定量数据库中。

⑧ 对希望添加到定量数据库的每种化合物重复步骤②～⑦。

⑨ 如果已添加完需要的所有化合物，则选择校正/编辑化合物以查看完整列表。

(11) 关机

在操作系统桌面双击 GC-MS 图标进入工作站系统，进入调谐和真空控制界面选择放空，在跳出的画面中点击确定进入放空程序。

本仪器采用的是涡轮泵系统，需要等到涡轮泵转速降至 10%以下，同时离子源和四极杆温度降至 100℃以下，大概 40min 后退出工作站软件，并依次关闭 MS、GC 电源，最后关掉载气。

15.3.2 液相色谱-质谱联用仪的使用方法

以安捷伦 1260/6120 型液相色谱-质谱联用仪为例，介绍其使用方法如下。

(1) 开机

① 打开载气钢瓶控制阀，设置分压阀压力为 0.56～0.69MPa。

② 准备 LC 流动相和泵柱塞冲洗溶剂，检查管线连接状态，确认粗真空泵和喷雾室的废气排到实验室外部。

③ 打开计算机，并依次打开 LC 各模块电源及 MS 电源，等待各模块自检完成（各模块右上角指示灯为黄色或者无色，质谱有“嘟”的一声）。

④ 双击桌面化学工作站图标，进入化学工作站。

(2) 调谐

开始抽真空之后至少等 4h 或更长时间才能进行调谐或操作 LC/MSD。建议每周进行一次检验调谐，当检验调谐失败时，应该进行一次自动调谐。调谐应该不超过每月一次或最多每星期一次。一般情况下调谐一次可以稳定三个月。

① 单击 MSD 调谐，进入仪器调谐。

② 选择调谐文件，一般选择 ATUNES. TUN。

③ 自动调谐：双极性调谐会先做正模式调谐，再做负模式调谐，第一次调谐必须是双极性调谐。自动调谐一般在检验调谐失败后做，也可以每个月执行一次或在做完仪器维护后执行。

④ 检验调谐：检验调谐可以每天进行（不关机情况下，每周 1 次就可以），检查峰宽、质量轴和调谐离子丰度是否达标。如果失败，工作站会提示对失败的项目重新校正。如果校正仍然失败则需要做自动调谐。

⑤ 保存调谐文件，指定文件名和路径，将调谐文件保存到 ATUNES. TUN 中。

⑥ 最后点击方法和运行控制，返回到仪器控制界面。

（3）试样测定

① 方法建立：从方法菜单中选择编辑完整方法项，选择要编辑的项目，点击确定。编辑关于该方法的注释，然后点击确定。系统默认选择自动进样。

② 编辑 LC 采集参数。

③ 编辑 MS 采集参数。

④ 报告的设定：简短报告包含了信号详细信息对话框中设置的所有积分信号的定量文本结果。LC-MS 定性报告中，显示各个积分的色谱峰的质谱图，可以自动扣除背景，并对色谱峰中主要离子自动提取 EIC。

⑤ 保存设置的方法。

（4）数据分析

① 点击桌面化学工作站图标，打开分析软件，使用导航栏可以查看数据所在的位置。

② 使用下拉菜单可以选择想查看的通道。

③ 显示质谱图：打开色谱图，选择光谱工具，从光谱工具栏里先提取离子色谱，然后平均一组选定的光谱，就可以看到质谱图。

（5）关机

① 进入诊断界面。

② 点击菜单 Maintenance，选择 MSD Vent，直到 Vent 对话框蓝色进度条走完，选择 Close。

建议从软件的诊断界面放质谱的真空，系统会自动按顺序先关分子涡轮泵，再关机械泵。不建议直接关闭质谱的开关，且要等四极杆温度降至 60℃ 以下再关闭电源，大概 30min 后可以关闭软件，并依次关闭 MS、LC 电源，最后关掉载气。

15.4 实验内容

实验 61 气相色谱-质谱法测定有机物的结构

【实验目的】

1. 了解气相色谱-质谱仪的结构。
2. 熟悉气相色谱-质谱仪的操作规程。
3. 掌握利用气相色谱-质谱谱图进行定性分析的方法。

【实验原理】

在质谱裂解反应中，生成的某些离子的原子排列并不保持原来分子结构的关系，发生了原子或者基团的重排反应。其中，γ 氢重排反应（McLafferty 重排）对解析质谱和结构分析很有帮助。含羰基化合物（醛、酮、酸、酯等）质谱图的共同特征是分子离子峰一般都是可见的，且常出现 γ 氢重排的奇电子离子峰，运用相应理论，即可解析其结构。

GC-MS法得到的谱图数据是三维的，即峰强度（峰高)-时间质谱图，一般会得到两个图。

（1）总离子流图：反映的是色谱柱流出物质随时间得到的仪器检测信号，基本和气相色谱一样，即色谱图。

（2）质谱图：该图为即时的，即对应于总离子流图的任意一个时刻，都有相应的质谱图。鼠标右键双击总离子流图的任意地方，就可以得到一张该时刻的质谱图。

做未知样品时，找到待测物质的保留时间处的峰，对峰面积进行积分，采用归一化法或内标法进行定量分析。同时得到该峰的质谱图，与标准谱库检索对照，如果质谱图的离子碎片大小和高度都基本相同（一般相似度95%以上)，即可确定为该物质，即定性分析。

【仪器与试剂】

仪器：安捷伦7890A/5975C气相色谱-质谱仪；HP-5MS色谱柱。

试剂：二氯甲烷（色谱纯)；苯乙酮、1-苯基-1-丁酮、二苯甲酮等，均为分析纯。

【实验步骤】

1. 气相色谱-质谱联用仪条件选择

色谱条件的选择：进样口温度50℃；恒温1min后，以10℃/min升温至200℃，恒温1min，再以5℃/min升温至300℃，恒温2min。进样口温度300℃；载气为高纯氦气；流速为1mL/min；检测器：火焰离子检测器；检测器温度280℃；分流比为50∶1；进样体积为1μL。

质谱条件：传输线温度为250℃；EI离子源；电子轰击能量为70eV；离子源温度为250℃；扫描方式：选择离子扫描；溶剂延迟3min。

2. 待测样品溶液的制备

配制一定浓度的苯乙酮、二苯甲酮和1-苯基-1-丁酮的二氯甲烷溶液，静置，备用。

3. 测定

取上述制备好的待测混合样品溶液进行测定。

【数据记录与处理】

1. 显示并打印分析样品的总离子色谱图。

2. 显示并打印每个组分的质谱图，对每个质谱图进行结构解析，并与系统自带谱图数据库进行比对。

【注意事项】

注意开机顺序，严格按照操作手册规定的顺序进行，真空度达到规定值后才可以进行仪器调整，否则不能进行正常工作。

【思考题】

1. 气相色谱条件对质谱分析结果有何影响?

2. 如果把电子轰击能量由70eV调整为30eV，质谱图可能会发生什么样的变化?

3. 如果谱图库的检索结果可信度差，还有什么办法进行辅助定性分析?

实验 62 气相色谱-质谱法测定护肤品中邻苯二甲酸酯类化合物的含量

【实验目的】

1. 了解气相色谱-质谱联用仪的基本构造和应用。
2. 熟悉气相色谱-质谱联用仪的操作规程。
3. 掌握运用气相色谱-质谱联用仪进行定性和定量分析的原理和方法。

【实验原理】

邻苯二甲酸酯，又称酞酸酯，缩写 PAEs，是邻苯二甲酸形成的酯的统称。邻苯二甲酸酯类作为塑料添加剂已有近 80 年的历史，它是一类能起到软化作用的化学品，被普遍应用于食品包装材料、清洁剂、乙烯地板及个人护理用品如爽肤水、头发喷雾剂、指甲油等。邻苯二甲酸酯可通过呼吸、饮食或皮肤接触进入人体，从而影响人体正常的激素代谢，改变人体内激素水平。在护肤品中这种物质会通过呼吸系统和皮肤进入体内，如果过多使用，会增加女性患乳腺癌的概率。因此在护肤品中必须严格控制邻苯二甲酸酯类化合物的含量。

本实验采用 GC-MS 方法定性和定量方法分析女性常用的爽肤水中 PAEs 的种类和含量。

【仪器与试剂】

仪器：Agilent 气相色谱-质谱联用色谱仪；高纯氦气；1.0μL 微量进样器；振荡器；10mL 玻璃离心管；水浴锅；吸量管。

试剂：正己烷（色谱纯）；无水硫酸钠（AR）；氯化钠（AR）；某品牌爽肤水。

内标物为 10 种增塑剂：邻苯二甲酸二甲酯（DMP）、邻苯二甲酸二乙酯（DEP）、邻苯二甲酸二异丁酯（DIBP）、邻苯二甲酸二丁酯（DBP）、邻苯二甲酸二(2-甲氧基)乙酯（DMEP）、邻苯二甲酸二(2-甲基-2-戊基)酯（BMPP）、邻苯二甲酸二(2-乙氧基)乙酯（DEEP）、邻苯二甲酸二戊酯（DPP）、邻苯二甲酸二己酯（DHXP）、邻苯二甲酸丁基苄基酯（BBP）混合标准溶液（浓度均为 100μg/mL）。

内标物：D4-邻苯二甲酸二(2-乙基)己酯，浓度为 100μg/mL。

【实验步骤】

1. 仪器分析方法和参数设置

色谱柱：进样口温度为 250℃；初温为 60℃，保持 1min，以 20℃/min 升温到 220℃，保持 1min，以 5℃/min 升温到 280℃，保持 4min；载气为氦气，流速为 1.0mL/min，分流进样（分流比 20∶1）；进样量为 1.0μL。

质谱：电子轰击（EI）离子源；电离能量为 70eV；传输线温度为 280℃；离子源温度为 230℃；四极杆温度为 150℃；扫描方式为全扫描；溶剂延迟时间为 5min。

2. 标准溶液的配制

将 10 种增塑剂混合标准溶液用正己烷稀释至 10μg/mL。内标物 D4-邻苯二甲酸二(2-乙基)己酯用正己烷稀释至10μg/mL。

3. 定量校正因子的测定

分别取以上两种标准溶液等量混合至每种化合物浓度均为5μg/mL，在上述色谱条件下，以全扫描模式采集质谱数据，确定所有目标化合物和内标物的保留时间，再根据表15-1数据设定选择离子监测参数，重新进样分析，计算每种目标化合物相对于内标物的校正因子。

表15-1 10种邻苯二甲酸酯及内标化合物定性和定量离子

邻苯二甲酸酯类化合物	定性离子	定量离子	辅助定量离子
邻苯二甲酸二甲酯(DMP)	135,194	163	77
邻苯二甲酸二乙酯(DEP)	121,222	149	177
邻苯二甲酸二异丁酯(DIBP)	167,205	149	223
邻苯二甲酸二丁酯(DBP)	205,121	149	223
邻苯二甲酸二(2-甲氧基)乙酯(DMEP)	251	59	149,193
邻苯二甲酸二(2-甲基-2-戊基)酯(BMPP)	167,121	149	251
邻苯二甲酸二(2-乙氧基)乙酯(DEEP)	149,221	45	72
邻苯二甲酸二戊酯(DPP)	219,167	149	237
邻苯二甲酸二己酯(DHXP)	251	104	149,76
邻苯二甲酸丁基苄基酯(BBP)	206,238	149	91

4. 试样的处理方法

准确称取1g左右的爽肤水试样于10mL玻璃离心管中，加入10μg/mL内标物溶液1.00mL，加入0.3g NaCl，振荡1min，加入2mL纯净水，用1mL正己烷提取，再振荡5min，静置10min。吸取上层有机相后，再用1mL正己烷提取一次，合并上层有机相到另一10mL离心管中，加0.5g无水硫酸钠，振荡1min。将有机相在离心管中在40℃下用小气流氮气吹至小于2mL，用正己烷定容至2.0mL，待测。

【数据记录与处理】

(1) 原始数据记录

组分	定量离子	保留时间	峰面积	定性离子
DMP				
DEP				
DIBP				
DBP				
DMEP				

续表

组分	定量离子	保留时间	峰面积	定性离子
BMPP				
DEEP				
DPP				
DHXP				
BBP				

(2) 计算相对校正因子

将标准溶液采集的数据整理后按式（15-1）计算出每种目标化合物相对于内标物的校正因子。

$$f_{i/s}=\frac{f'_i}{f'_s}=\frac{m_i/A_i}{m_s/A_s}=\frac{m_iA_s}{m_sA_i} \tag{15-1}$$

式中，f'_i、m_i、A_i分别为标准溶液中目标化合物的绝对校正因子、物质质量（浓度）和色谱信号峰面积值；f'_s、m_s、A_s分别为标准溶液中内标物的绝对校正因子、物质质量（浓度）和色谱信号峰面积值；$f_{i/s}$为目标化合物 i 相对于内标物 s 的相对校正因子。

(3) 计算定量结果

试样中 10 种目标化合物的含量按式(15-2) 计算。

$$w_i=\frac{A_i \times m_i \times f_{i/s}}{A_s \times m} \tag{15-2}$$

式中，w_i为样品溶液中目标化合物 i 的质量分数，μg/g；$f_{i/s}$为目标化合物 i 相对于内标物 s 的相对校正因子；m_i和 A_s分别为试样溶液中内标物的质量和色谱信号峰面积值；A_i为试样标准溶液中目标化合物的色谱信号峰面积值；m 为试样质量，g。

【注意事项】

1. 求算校正因子必须将目标化合物与内标物配制成混合标准溶液，而不是分别在不同的溶液进样后求得各自的绝对校正因子再做比值求得。

2. 试样分析前应确认气相色谱-质谱系统真空度已经达到分析要求。

【思考题】

1. 本实验中试样制备时加入氯化钠和硫酸钠的作用是什么？
2. GC-MS 定性和定量分析的依据是什么？
3. GC-MS 为什么要设置溶剂延迟？延迟时间以什么为基准？

实验 63　高效液相色谱-质谱法测定萘和联苯混合物各组分的含量

【实验目的】

1. 了解气相色谱-质谱联用仪的基本组成及各部件的主要功能。

2. 熟悉气相色谱-质谱联用仪的操作规程。

3. 学会利用色谱图和质谱图进行定性分析。

【实验原理】

在 HPLC 中，当色谱柱采用非极性固定相（如十八烷基键合相），流动相采用极性溶剂（如水、甲醇、乙腈等）时，混合试样中极性较大的试样先流出，称为反相色谱法。这种方法特别适合分离同系物，特别是苯同系物等。根据各组分保留时间的不同可以进行定性分析。质谱法是利用带电粒子在磁场或电场中的运动规律，按其 m/z 实现分离分析，测定离子质量及强度分布。它可以给出分子量、元素组成、分子式和结构信息。通过对某一保留时间对应质谱数据的分析可进一步对定性鉴别加以确证。

【仪器与试剂】

仪器：Agilent 1260/6120 液相色谱-质谱联用仪；Zorbax ODS 150mm×4.6mm，5μm 色谱柱；VWD 单通道紫外检测器；移液枪；容量瓶。

试剂：联苯（AR）；萘（AR）；甲醇（色谱纯）；超纯水。

【实验步骤】

1. 试样准备

准确称取萘 0.08g，联苯 0.02g，用色谱纯甲醇溶解，并转移至 50mL 容量瓶中，用甲醇稀释至刻度，用移液枪吸取 1.5mL 转移至标准试样瓶中，待测。

2. HPLC-MS 参数设定

色谱条件：VWD 单通道紫外检测器，波长设定为 254nm；柱温为 25℃；进样量为 10μL；流动相为 88%甲醇+12%水等度洗脱；流速为 0.5mL/min。

质谱条件：ESI 正离子模式；毛细管电压为 3kV；质谱离子源温度为 110℃；去溶剂温度为 300℃；全扫描模式。

3. 将上述方法保存为 HPLC-MS 联机方法并在样品表中调用该方法，设置好后进入液相色谱操作界面。待紫外检测器基线平稳后，进行测试。

4. 实验结束后关闭仪器。

【数据记录与处理】

1. 在文件夹中找到试样文件，双击打开。

2. 在离子流信号窗口添加紫外吸收信号，选择不同保留时间下各紫外吸收峰所对应的质谱图。

3. 根据质谱图中的 m/z 确定各组分的出峰顺序。

【注意事项】

1. 液相色谱和质谱之间的管路要连接紧密，防止漏液情况的发生。

2. 本实验流动相采用等度洗脱，为什么？

【思考题】

1. 影响色谱峰峰形的因素有哪些？

2. 改变液相色谱流动相配比，对出峰时间及分离度有什么影响？

实验 64　高效液相色谱-质谱法测定牛奶中三聚氰胺的含量

【实验目的】

1. 了解 HPLC-MS 联用仪的工作原理。
2. 掌握 HPLC-MS 联用仪的操作步骤和实验方法。
3. 了解 HPLC-MS 在食品成分分析领域的应用。

【实验原理】

三聚氰胺（化学式：$C_3H_6N_6$），俗称“密胺”，IUPAC 命名为“1,3,5-三嗪-2,4,6-三胺”，是一种三嗪类含氮杂环有机化合物，被用作化工原料。三聚氰胺常被不法商人掺杂进食品或饲料中，以提升食品或饲料检测中的蛋白质含量指标，因此也被作假的人称为“蛋白精”。在食品检测中，由于蛋白质太不容易检测，而蛋白质是含氮的，所以生化学家们在检测蛋白质时经常采用测氮的方法，然后推算出其中的蛋白质含量。而添加过三聚氰胺的乳制品就很难检测出来。婴幼儿食用了添加三聚氰胺的乳制品后会出现恶心、呕吐，严重的有排尿障碍、尿潴留、遗血尿，甚至死亡。自 2011 年，我国卫生部明确规定三聚氰胺不是食品原料，也不是食品添加剂，禁止人为添加。婴儿配方食品中三聚氰胺的限量值为 1mg/kg，其他食品中三聚氰胺的限量值为 2.5mg/kg，高于限量的食品一律不得销售。在本实验中通过 HPLC-MS 联用技术测定牛奶中的三聚氰胺。

【仪器与试剂】

仪器：HPLC 部分为 1200 系列高效液相色谱仪；检测器为 VWD 单通道紫外检测器；色谱柱为 Zorbax SB-C18（4.6mm×50mm，5μm）；离心机；具塞塑料离心管；容量瓶；微孔滤膜；超声波提取器。

试剂：1,3,5-三嗪-2,4,6-三胺；三氯乙酸（色谱纯）；乙腈（色谱纯）；甲醇（色谱纯）；氨化甲醇（AR）；牛奶制品。

【实验步骤】

1. 实验条件

HPLC 条件：流动相为离子对试剂缓冲液［(柠檬酸和辛烷磺酸钠)：乙腈＝90：10］；流速为 1.0mL/min；梯度洗脱；柱温为 40℃；进样量为 20μL。

MS 条件：MicrOTOFⅡ电喷雾-飞行时间高分辨质谱仪；雾化气压力为 1.5bar（1bar=10^5Pa）；干燥气流速为 8L/min；干燥气温度为 180℃。

2. 试样制备

准确称取 2～3g 牛奶制品，置于 50mL 具塞塑料离心管中，加 15mL 三氯乙酸溶液、5mL 乙腈，用超声波提取器提取 10min，振荡提取 10min，以 5000r/min 速度离心 10min。取上清液，用三氯乙酸溶液浸湿的滤纸过滤，用三氯乙酸溶液定容至 25mL，取 5mL 滤液，加 5mL 水混匀后，待净化。

将上述待净化液加入固相萃取柱中，依次用 5mL 水、5mL 甲醇淋洗，再抽滤至近干，加 8mL 氨化甲醇溶液洗脱。萃取过程中流速不超过 1mL/min。将洗脱出的液体在 50℃下用氮气吹干。吹干后的残留物加 1mL 流动相定容，并涡旋混合 1min，用微孔滤膜过滤，备用。

3. 标准品溶液的配制

准确称取三聚氰胺（1,3,5-三嗪-2,4,6-三胺）标准试样 0.0100g，用 50%甲醇水溶液定容于 100mL 容量瓶中，得到浓度为 1mg/mL 的标准储备液。用流动相将三聚氰胺标准溶液稀释到浓度为 1.0μg/mL 的标准溶液。

4. 试样溶液和标准溶液的测定

① 打开质谱控制软件（MicrOTOF Control），在 Source 页面设置雾化气压力、干燥气流速及干燥气温度，点击 Save as，将该方法命名并保存。

② 将 1.5mL 样品瓶放入自动进样器样品盘中，记住所放位置编号。在液-质联机软件中打开样品表（Sample Table），对样品表及进样方法进行编辑。

③ 将上述液相方法与质谱方法保存为 LC-MS 联机方法并在样品表中调用该方法，设置好后点击 Acquisition，进入液相操作界面。

④ 待紫外检测器基线平稳后，点击 Start，选择 Start Sequence 进行液-质联机测试，对试样分别进行正离子、负离子模式检测各一次。

⑤ 实验结束后关闭色谱仪中的泵、紫外灯；质谱状态选择 Stand by，雾化气压力为 0bar，干燥气流速为 2L/min，干燥气温度为 100℃。

【数据记录与处理】

1. 显示并打印分析试样的总离子色谱图。

2. 对照标准试样确定三聚氰胺的定性离子。

3. 确定定量离子峰并根据标准试样与待测试样峰面积的比值计算待测试样中三聚氰胺的含量。

【注意事项】

1. 注意严格按照操作规程进行开机，真空达到规定值后才可以进行仪器调整。

2. 试样处理后要保证溶液澄清，没有不溶物。

【思考题】

1. 观察比较正、负离子模式下试样的质谱图哪个信号更强，试说明原因？

2. 利用液相色谱-质谱法分析食品、药材等试样时，预处理方法还有哪些？

实验 65 食用油中脂肪酸组成的测定（设计实验）

【实验目的】

1. 了解食用油中脂肪酸的种类。

2. 熟练文献的查阅方法。

3. 练习利用色谱-质谱联用技术进行定性和定量分析的实验方案设计。

【实验提示】

1. 通过查阅文献了解不同种类食用油中脂肪酸的种类有哪些？
2. 国家标准中测定食用油中脂肪酸的方法是什么？
3. 利用色谱-质谱联用技术测定脂肪酸的种类和含量的方法原理是什么？
4. 对于食用油试样最佳的测定方式是气-质联用还是液-质联用？

【设计实验方案】

1. 用哪种方法测定食用油中的脂肪酸？
2. 方法原理是什么？
3. 定性和定量方法各是什么？
4. 用到的仪器、试剂有哪些？
5. 如何设计实验步骤？
6. 如何处理数据？
7. 注意事项有哪些？

15.5 拓展内容

色谱-质谱技术的发展历程

20 世纪 50 年代，R. Gohlke 和 F. Mclafferty 首先开发出 GC-MS 联用仪。然而当时所使用的质谱仪体积庞大、易损坏，只能作为固定的实验室装置使用，不适用于商业推广。1964 年 R. E. Finnigan 团队制作了首个商业四极杆质谱仪。1964～1966 年期间，强劲的市场需求下，Finnigan 和他的团队合作售出 500 多台四极杆残留气体分析仪。1967 年 Finnigan 仪器公司（Finnigan Instrument Corporation，简称 FIC）组建就绪。1977 年，LC-MS 联用仪开始投放市场；1978 年 LC-MS 联用仪首次用于生物试样中的药物分析。1981 年 FIC 生产的首台商品化三重四极杆质谱仪卖给了荷兰壳牌皇家集团，开创了商业化三重四极杆的先河。现在计算机的发展提高了仪器的各种性能，如运行时间、数据收集处理、定性定量分析、谱库检索及故障诊断等。因此，GC-MS 和 LC-MS 联用技术在分析检测和科学研究的许多领域都起着越来越重要的作用。

第16章 热分析法

16.1 热分析法的基本原理

热分析（thermal analysis），顾名思义，可以解释为以热进行分析的一种方法。1977 年在日本京都召开的国际热分析协会（International Confederation for Thermal Analysis，ICTA）第七次会议上将热分析定义为：基于热力学原理和物质的热力学性质，通过程序控制温度来测量物质的物理性质与温度的关系的一类技术。其数学表达式为 $P=f(T)$，其中 P 是物质的一种物理量，T 是物质的温度。

程序控制温度一般是指线性升温或线性降温，也包括恒温、循环和非线性升温或降温。可测定的物理性质主要是指物质在加热或冷却过程中，其质量、温度、热量、尺寸、力、声、电、光及磁学等性质的变化。

热分析法具有可在大温度范围内研究试样，对试样物理状态无特殊要求，试样用量少，仪器灵敏度高及易与其他技术联用等优点。

热分析已发展成为一种综合性的技术，常用的有热重分析、差热分析和差示扫描量热分析、逸出气体分析、动态力学分析、热机械分析以及其他一些热分析方法，并具有非常完备的多功能仪器，它们通常具有上述各种分析的配置和能力。其中，应用最广泛的是热重分析和差热分析，其次是差示扫描量热分析，上述三种方法构成了热分析的三大支柱。本章主要介绍这三种方法。

16.1.1 热重分析法的基本原理

在程序控制温度下，当试样在各种热效应下发生化学变化、分解或成分改变时，其质量随温度或时间的变化而变化的热分析方法称为热重分析法（thermogravimetry，TG）。热重图是试样质量剩余量 $Y(\%)$ 对温度 T 的曲线，或试样质量残余量 $Y(\%)$ 随时间的变化率 $\mathrm{d}Y/\mathrm{d}t$ 对温度 T 的曲线（微商热重法），该曲线称为热重曲线。图 16-1 为典型的热重曲线。热重分析法可用于了解试样的热分解过程，测定物质的熔沸点，利用热分解或升华等分析固体混合物，研究高聚物的性质等。

16.1.2 差热分析法的基本原理

差热分析法（differential thermal analysis，DTA）是在程序控制温度下、通过测定某种

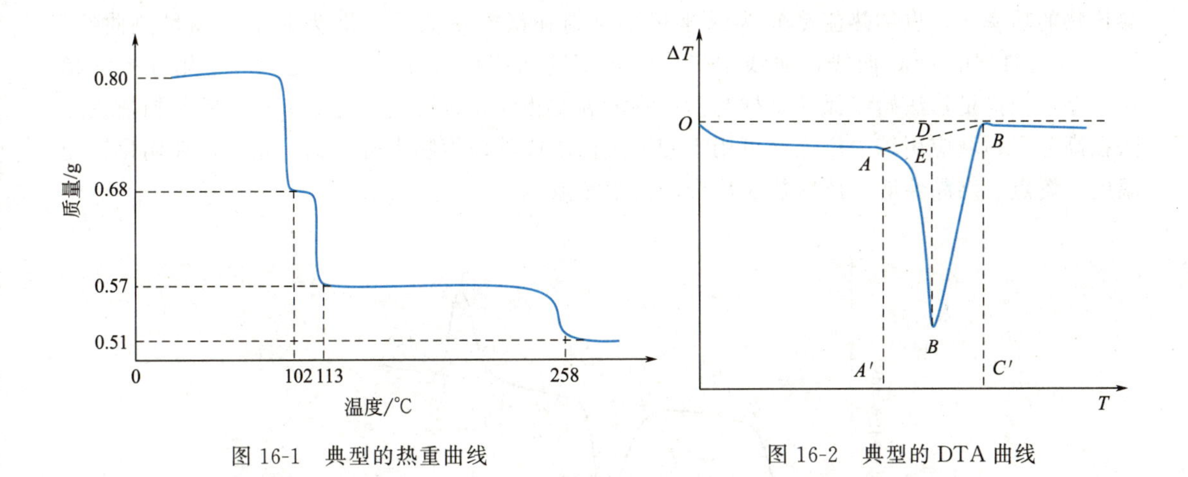

图 16-1　典型的热重曲线

图 16-2　典型的 DTA 曲线

试样和参比物（在测定范围内不发生任何热效应的物质）间的温度差与温度关系而建立的一种分析技术。物质在受热或冷却过程中，当达到某一温度时，往往会发生熔化、凝固、晶型转变、分解、化合、吸附、脱附等物理或化学变化，并伴随着焓的改变，因而产生热效应，其释放或吸收的热量会使试样温度高于或低于参比物温度，以温度 T 或时间 t 为横坐标，试样与参比物间温度差 ΔT 为纵坐标制作差热曲线，从而得到相应的放热峰或吸热峰。

图 16-2 为典型的 DTA 曲线，图中横坐标 T 为温度，纵坐标 ΔT 为温度差，E 为外推起始点，BD 为峰高，$A'C'$为峰宽。差热曲线的纵坐标向上表示放热反应，向下表示吸热反应。一般而言，如果试样受热发生熔融、脱水或相转变等为吸热反应；如试样发生结晶、氧化或交联等现象等为放热反应。DTA 曲线可提供峰位置、形状和数目等信息。差热分析中放热峰和吸热峰产生的原因见表 16-1。

表 16-1　差热分析中放热峰和吸热峰产生的原因

现象		吸热	放热	现象		吸热	放热
物理原因	物理原因			化学原因	化学吸附		√
	晶型转变	√	√		析出	√	
	熔融	√			脱水	√	
	气化	√			分解	√	√
	升华	√			氧化度降低		√
	吸附		√		氧化(气体)		√
	脱附	√			还原(气体)	√	
	吸收	√			氧化还原反应	√	√
					固相反应		√

16.1.3　差示扫描量热法的基本原理

差示扫描量热法（differential scanning calorimetry，DSC）是在差热分析法的基础上发展起来的一种热分析法。试样与参比物在程序控温的相同环境中，通过补偿器测量试样与参比物间温度差为零时所需吸收或放出的热量，以温度或时间为横坐标，热量变化率（试样与参比物的功率差，也称热流率）为纵坐标，绘制补偿能量曲线，即为差示扫描量热曲线。图 16-3 为典型的 DSC 曲线，曲线中峰或谷包围的面积代表热量的变化。与差热分析法相比，差示扫描量热法始终保持试样与参比物的温度相同，且可用于定量分析。差示扫描量热法在高分子领域应用较为广泛，可用于测定蛋白质或其他生物大分子的稳定性、玻璃化转变温度、熔点、结晶性能、反应热及反应动力学参数。

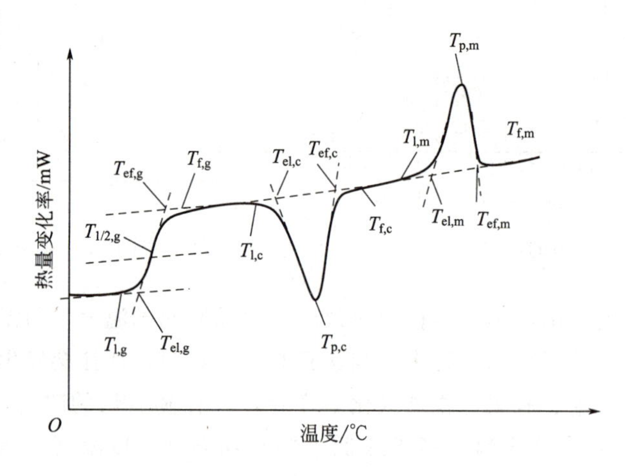

图 16-3 典型的 DSC 曲线

16.2 热分析仪的结构

16.2.1 热重分析仪的结构

热重分析仪主要由热天平、炉子、程序控温系统和记录系统组成。热重分析示意图如图 16-4 所示。热天平与一般的天平原理相同，不同之处在于其能在受热情况下连续称重，且连续记录质量与温度的关系。根据试样与天平刀线的相对位置不同，热天平分为下皿式、上皿式和水平式。下皿式的优点是质量较轻，结构简单；上皿式的优点是试样更换容易，试样室更换方便；水平式的优点是结构简单，气流的波动对热重测定结果影响很小。最常用的热天平测量方法有变位法和零位法两种。变位法是根据天平梁倾斜度与质量变化成正比的关系，利用差动变压器检测倾斜度并记录。零位法是采用差动变压器和光学法测定天平梁倾斜

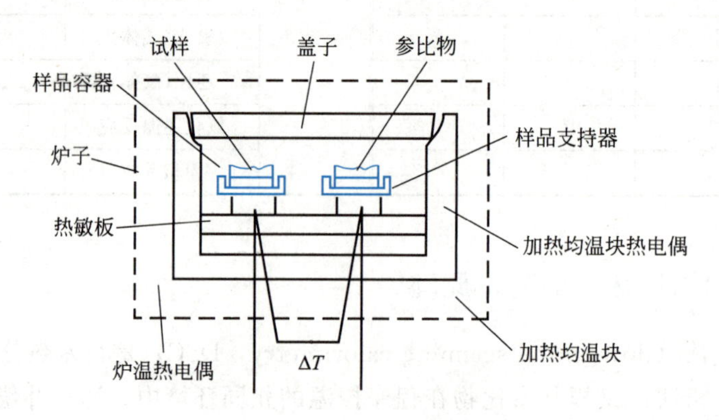

图 16-4 热重分析仪示意图

度，然后根据此信息调整电流，使线圈转动恢复天平梁的倾斜。

16.2.2　差热分析仪的结构

差热分析仪由加热炉、测量系统、温度控制系统、差热放大器、气氛控制系统及记录仪组成。差热分析仪结构示意图如图 16-5 所示。加热炉分立式和卧式、中温和高温等；测量系统有热电偶、坩埚、支撑杆等；温度控制系统是按照给定程序使炉温发生变化；差热放大器的作用是将只有几微伏或几十微伏的温差信号放大至毫伏级而被记录仪记录；气氛控制系统根据需求可调为真空或各种不同气体的气氛。

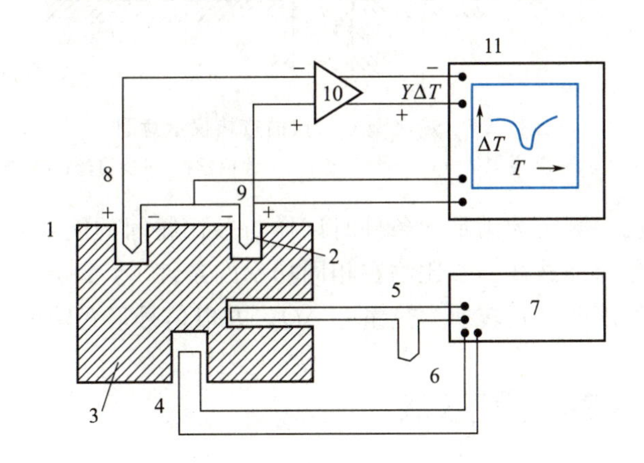

图 16-5　差热分析仪结构示意图

1—参比物；2—试样；3—加热块；4—加热器；5—加热块热电偶；6—冰冷联结；7—温度程控；8—参比热电偶；9—试样热电偶；10—放大器；11—x-y 记录仪

16.2.3　差示扫描量热仪的结构

差示扫描量热仪主要由加热炉、程序控温系统、气氛控制系统、信号放大器和记录系统组成，可分为功率补偿型（图 16-6）和热流型（图 16-7）两类。功率补偿型要求试样和参

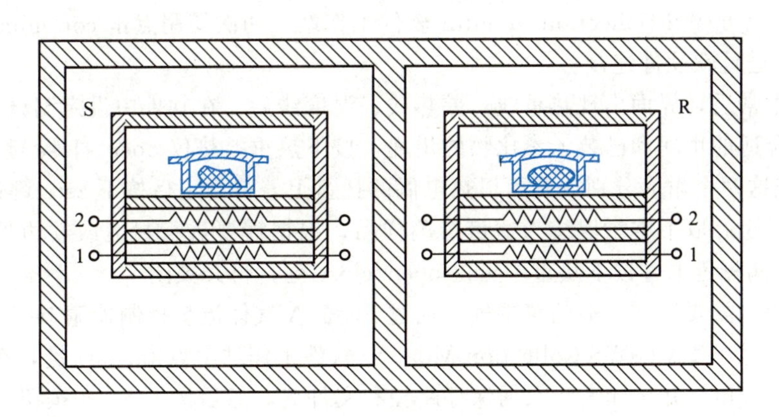

图 16-6　功率补偿型差示扫描量热仪示意图

1—加热丝；2—电阻温度计；S—试样测量系统；R—参比物系统

试样测量系统包括坩埚、微电炉和盖子；两个相互分离的测量系统是置于一个均温块中

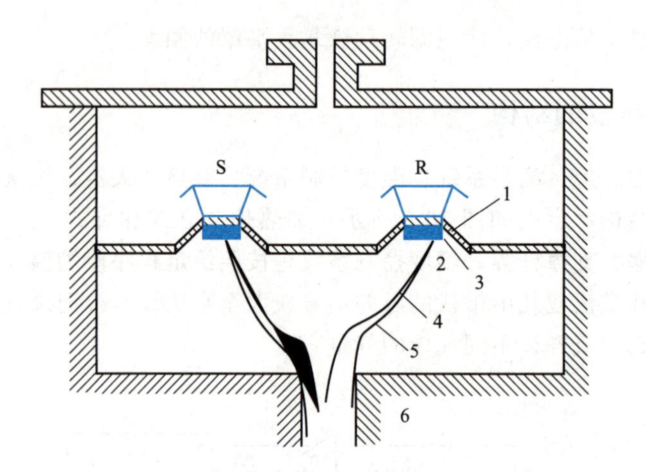

图 16-7 热流型差示扫描量热仪示意图

1—康铜盘；2—热电偶结点；3—镍铬板；4—镍铝丝；5—镍铬丝；6—加热块

比物始终保持相同温度，测定为满足此条件时试样与参比物间的能量差，将其以热量差 ΔQ 信号输出；热流型则是保证试样和参比物在相同功率的条件下，测定试样和参比物间的温度差，根据热流方程将温度差 ΔT 转换为热量差 ΔQ，并以信号形式输出。

16.3 热分析仪的使用方法

16.3.1 热重/差热综合分析仪的使用方法

热重/差热综合分析仪可在程序控制温度下，同时测定试样质量和焓变随温度的变化，消除了热重和差热单独测试时因试样不均匀性及气氛等因素带来的影响。下面以 DTG-60H 型热重/差热联用仪为例介绍其使用方法。

① 打开电源总开关，开通热重差热仪变压器开关，打开氮气钢瓶控制阀。

② 打开热重/差热仪和 TA-60WS 型热分析工作站电源开关，开启 FC-60A 气体流量控制器电源开关，并开启电脑。

③ 启动 TA-60WS Collection Monitor 软件工作站，初次使用点击 communication port，选择连通端口进行软硬件连接。

④ 连接正常后，界面出现热重线、差热线、温度线后，在软件中设定测试条件参数。

⑤ 选择合适的坩埚和已装入参比物的坩埚，按下热重差热仪 open/close 键，将其打开，用镊子小心把这两个坩埚分别放到两根热电偶的托盘上，待稳定后按下 zero 键进行清零。

⑥ 用镊子小心取下空坩埚装入适量待测样品，根据需要进行封盖或卷边处理，然后将坩埚放到热电偶托盘上，按下热重差热仪 open/close 键，将其关闭。

⑦ 根据测试需要选择合适的氛围气，通过 FC-60A 气体流量控制器调节好气体流量。

⑧ 待稳定后在 TA-60WS Collection Monitor 软件工作站中点击 Start 键，在弹出对话框里点击 read weight，并选择实验数据保存路径和文件名，然后按下 Start 按钮，开始进行数据采集。

⑨ 数据采集结束后，待温度降到 50℃以下时，打开热重/差热仪，取出测试样品，进行下一次实验。

⑩ 实验结束后，取出热电偶托盘上的所有坩埚，再关上热重/差热仪，最后关闭所有电源。

16.3.2 差示扫描量热仪的使用方法

DSC-60 型差示扫描量热仪的使用方法：

① 打开 DSC-60 主机、计算机、TA-60WS 工作站以及 FC-60A 气体控制器。

② 接好气体管路，接通气源，并在 FC-60A 气体控制器上调整气体流量。

③ 把装样品的坩埚置于 SSC-30 压样机中，盖上坩埚盖，旋转压样机扳手，把坩埚样品封好。同时不放样品，压制一个空白坩埚作为参比样品。压完后检查坩埚是否封好，且要保证坩埚底部清洁无污染。

手动进样：滑开 DSC-60 样品腔体盖，用镊子移开炉盖和盖片，把空白坩埚放置于左边参比盘，把制备好的样品坩埚放置于右边样品盘中，盖上盖片和炉盖。

自动进样：样品坩埚放在左边的托盘内。

注意：炉盖、盖片、坩埚、样品均要用镊子拿取，不能用手，以免造成污染。

④ 设定测定参数：点击桌面上“TA-60WS Collection Monitor”图标，打开“TA-60WS Acquisition”软件。在“detector”窗口中选择“DSC-60”。点击“Measure”菜单下的“Measuring Parameters”，弹出“Setting Parameters”窗口。在“Temperature Program”中编辑起始温度、升温速率、结束温度以及保温时间等温度程序。

在 File Information 窗口中输入样品基本信息。包括：样品名称、质量、坩埚材料、使用气体种类、气体流速、操作者、备注等信息。

点击“确定”关闭“Setting Parameters”窗口，完成参数设定操作。

⑤ 样品测试：等待仪器基线稳定后，点击“Start”键，在弹出“Start”窗口中设定文件名称以及储存路径，点击“Start”运行一次分析测试，仪器会按照设定的参数进行运行，并按照设定的路径储存文件。

⑥ 样品分析完成后，等待样品腔温度降到室温左右，取出样品，依次关机：DSC-60 主机、气体控制器 FC-60A、系统控制器 TA-60WS 和电脑。

16.4 实验内容

实验 66 热重和差热分析法测定 $FeSO_4 \cdot 7H_2O$ 的脱水过程

【实验目的】

1. 掌握热重法和差热分析法的基本原理和分析方法。
2. 了解热重/差热综合分析仪的基本结构。
3. 根据热谱图分析 $FeSO_4 \cdot 7H_2O$ 的脱水过程。

【实验原理】

热重/差热综合分析仪可在程序控制温度下，同时测定试样质量和焓随温度的变化。因试样置于相同的热处理及环境条件下，DTA-TG 综合分析仪所测得的 ΔG、ΔT 具有严格的可比性和准确一致的结果，消除了 TG 和 DTA 单独测试时因试样不均匀及气氛等因素带来的影响。另外，一次测试得到更多的信息，可以对照进行研究。

七水合硫酸亚铁俗称绿矾，是一种浅绿色晶体状物质，在不同的温度下可以逐步脱水。

$$FeSO_4 \cdot 7H_2O \longrightarrow FeSO_4 \cdot 4H_2O + 3H_2O$$

$$FeSO_4 \cdot 4H_2O \longrightarrow FeSO_4 \cdot 2H_2O + 2H_2O$$

$$FeSO_4 \cdot 2H_2O \longrightarrow FeSO_4 \cdot H_2O + H_2O$$

$$FeSO_4 \cdot H_2O \longrightarrow FeO + SO_3 + H_2O$$

$FeSO_4 \cdot 7H_2O$ 是白色粉末，本实验是将已知质量的 $FeSO_4 \cdot 7H_2O$ 加热，除去所有的结晶水后称重，便可计算出 $FeSO_4 \cdot 7H_2O$ 中结晶水的数目。

【仪器与试剂】

仪器：DTG60H 热重/差热综合分析仪；FC60A 气体流量控制器；TG-60WS 工作站；电子天平；坩埚。

试剂：待测试样 $FeSO_4 \cdot 7H_2O$；参比物 α-Al_2O_3。

【实验步骤】

1. 准备试样：准确称取 3～5mg 待测试样和参比物 α-Al_2O_3 分别放入两个洁净、干燥的坩埚中，待测。

2. 选择适当的实验条件开始测量，扫描得到谱图。

【数据记录与处理】

1. 由所测 DTG 曲线，测量各峰的起始温度和峰温，并填入下表中。

峰编号	起始温度 T_0/℃	峰温 T_m/℃

2. 分析由热效应而产生的谱峰原因。

3. 依据所测得 TG 曲线，解释各台阶产生的原因，并由失重率推断 $FeSO_4 \cdot 7H_2O$ 的热分解反应机理。

【注意事项】

1. 称量时坩埚一定要保证干净，否则不仅影响导热，而且坩埚残余物在受热过程中也会发生物理化学变化，影响实验结果的准确性。

2. 试样用量要适度，对于本实验只需 10mg 左右。请勿放入太多试样，以免影响试样测定的热传递效果；试样也不要太少，否则会影响测定结果的精度。

3. 坩埚轻拿轻放，一定要小心，取放坩埚时，一定要将试样托板移过来，以免异物掉入加热炉膛内。

4. 试样放入后，仪器示数需要稳定数分钟，同时保证炉体内的气氛是实验所需的气体氛围。

5. 仪器使用过程中，一般需要通氮气，普通试样测定时，氮气流量为30～50mL/min。

【思考题】

1. 影响本次实验的主要因素有哪些？
2. 热重和差热分析可以提供哪些方面的信息？

实验67 差示扫描量热法测定聚氨酯的热学性能

【实验目的】

1. 学习差示扫描量热法的基本原理和仪器的基本结构。
2. 掌握测定聚合物玻璃化转变温度的基本原理和方法。
3. 掌握聚合物DSC曲线图的分析方法。

【实验原理】

当物质的物理状态发生变化（例如结晶、熔融或晶型转变等）或者发生化学反应，往往伴随着热学性能如焓、比热容、导热系数的变化。差示扫描量热法就是通过测定其热学性能的变化来表征物质的物理或化学变化过程。差示扫描量热测定时记录的热谱图称之为DSC曲线，其纵坐标是试样与参比物的功率差dH/dt，也称作热流率，单位为毫瓦（mW），横坐标为温度T或时间t。一般在DSC热谱图中，吸热效应用凸起的峰来表征（焓增加），放热效应用反向的峰来表征（焓减少）。

DSC测试在聚合物领域获得了广泛的应用，对高分子聚合物结构和性能的研究，以及质量控制都是非常有效的手段。从DSC曲线可以得到聚合物的玻璃化转变温度、熔点、结晶性、反应热等信息。

【仪器与试剂】

仪器：DSC-60型差示扫描量热仪；TA-60WS工作站；电子天平；SSC-30压样机；FC60A气体流量控制器。

试剂：聚氨酯试样；参比物为α-Al_2O_3。

【实验步骤】

1. 试样准备

所用试样质量一般为3～5mg，可根据试样性质适当调整加样量。把试样压制得尽量延展平整，以保证压制试样时坩埚底的平整。把装试样的坩埚置于压样机中，盖上坩埚盖，旋转压样机扳手，把试样封好。同时不放试样，压制一个空白坩埚作为参比试样，压完后检查坩埚是否封好，且要保证坩埚底部清洁无污染。

2. 手动进样

滑开DSC-60样品腔体盖，用镊子移开炉盖和盖片，把空白坩埚放置于左边参比盘，把制备好的试样坩埚放置于右边样品盘中，盖上盖片和炉盖。

3. 试样测试

等待仪器基线稳定后，点击“Start”键，在弹出“Start”窗口中设定文件名称及储存路径，点击“Start”运行一次分析测试，仪器会按照设定的参数运行，并按照设定的路径储存文件。

【数据记录与处理】

依据测量聚合物的 DSC 曲线，求出各种物性参数如 T_m、ΔH_m和 X_c。

【注意事项】

1. 固体试样要研磨成粉，确保在压盖的时候可以完全封住，铝坩埚保持平整，有利于受热均匀。

2. 实验结束后，关闭制冷设备，待恢复到室温，才能关闭仪器。

【思考题】

1. 试述在聚合物的 DSC 曲线上，有可能出现哪些峰值，其本质反映了什么？

2. 试述玻璃化转变的本质，有哪些影响因素？

实验 68 差示扫描量热法测定小麦中水分的含量（设计实验）

【实验目的】

1. 了解不同品种小麦中水分含量的范围。

2. 了解差示扫描量热法测定小麦中水分含量的原理。

3. 熟练文献的查阅方法并设计出合理可行的实验方案。

【实验提示】

1. 通过查阅文献，了解小麦中水分的含量范围。

2. 国家标准中测定小麦中水分含量的方法是什么？

3. 利用差示扫描量热法测定小麦中水分含量的方法原理是什么？

【设计实验方案】

1. 实验的方法原理是什么？

2. 如何进行定性和定量分析？

3. 用到的仪器、试剂有哪些？

4. 如何设计实验步骤？

5. 如何处理数据？

6. 注意事项有哪些？

16.5 拓展内容

19 世纪末到 20 世纪初，热分析技术最初主要用于研究黏土、矿物以及金属合金方面。到 20 世纪中期，热分析技术才应用到化学领域中，起初应用于无机物领域，而后才逐渐扩展到配合物、有机化合物和高分子领域中，现在，已成为研究高分子结构与性能关系的一个相当重要的工具。在 20 世纪 70 年代初，又开辟了对生物大分子和食品工业方面的研究。从八十年代开始应用于胆固醇和前列腺结石的研究以及检测解毒药的毒性和活性等。

现在，热分析技术已渗透到物理、化学、化工、石油、冶金、地质、建材、纤维、塑料、橡胶、食品、地球化学、生物化学等各个领域。

参 考 文 献

[1] 胡坪，王氢. 仪器分析 [M]. 5 版. 北京：高等教育出版社，2019.

[2] 张建荣，余晓东，屠一锋，等. 仪器分析实验 [M]. 2 版 . 北京：科学出版社，2009.

[3] 宋桂兰. 仪器分析实验 [M]. 2 版. 北京：科学出版社，2015.

[4] 陈怀侠. 仪器分析实验 [M]. 北京：科学出版社，2017.

[5] 叶美英，程和勇，邱瑾，等. 仪器分析实验 [M]. 北京：化学工业出版社，2017.

[6] 卢亚玲，汪河滨. 仪器分析实验 [M]. 北京：化学工业出版社，2019.

[7] 刘雪静，吴鸿伟，闫春燕，等. 仪器分析实验 [M]. 北京：化学工业出版社，2019.

[8] 唐仕荣. 仪器分析实验 [M]. 北京：化学工业出版社，2016.

[9] 张进，孟江平. 仪器分析实验 [M]. 北京：化学工业出版社，2017.

[10] 杨万龙，李文友. 仪器分析实验 [M]. 北京：科学出版社，2008.

[11] 首都师范大学教材编写组. 仪器分析实验 [M]. 北京：科学出版社，2016.

[12] 张景萍，尚庆坤. 仪器分析实验 [M]. 北京：科学出版社，2017.

[13] 白玲，石国荣，王宇昕，等. 仪器分析实验 [M]. 2 版. 北京：化学工业出版社，2017.

[14] 干宁，沈昊宇，贾志舰，等. 现代仪器分析实验 [M]. 北京：化学工业出版社，2019.

[15] 高义霞，周向军. 食品仪器分析实验指导 [M]. 成都：西南交通大学出版社，2016.

[16] 叶宪曾，张新祥，等. 仪器分析教程 [M]. 2 版. 北京：北京大学出版社，2007.

[17] 李险峰，金真，马毅红，等. 现代仪器分析实验技术指导 [M]. 广州：中山大学出版社，2017.

[18] 董坚，刘福建，邵林军，等. 高分子仪器分析实验方法 [M]. 杭州：浙江大学出版社，2017.

[19] 王淑华，李红英. 仪器分析实验 [M]. 北京：化学工业出版社，2019.

[20] 黄丽英. 仪器分析实验指导 [M]. 厦门：厦门大学出版社，2014.

[21] 李昌厚. 紫外可见分光光度计及其应用 [M]. 北京：化学工业出版社，2010.

[22] 王元兰. 仪器分析实验 [M]. 北京：化工工业出版社，2014.

[23] 叶明德. 新编仪器分析实验 [M]. 北京：科学出版社，2016.

[24] 高秀蕊，孙春艳. 仪器分析操作技术 [M]. 东营：中国石油大学出版社，2016.

[25] 柳仁民. 仪器分析实验 [M]. 修订版. 青岛：中国海洋大学出版社，2013.

[26] 卢士香，齐美玲，张慧敏，等. 仪器分析实验 [M]. 北京：北京理工大学出版社，2017.

[27] 李志富，干宁，颜军. 仪器分析实验 [M]. 武汉：华中科技大学出版社，2012.

元素周期表

IUPAC 2013

+2 +3 +4 +5 +6	95 Am 镅▲ $5f^7 7s^2$ 243.06138(2)✦

氧化态(单质的氧化态为0，未列入；常见的为红色)
以 $^{12}C=12$ 为基准的原子量(注✦的是半衰期最长同位素的原子量)
95 — 原子序数
Am — 元素符号(红色的为放射性元素)
镅▲ — 元素名称(注▲的为人造元素)
$5f^7 7s^2$ — 价层电子构型

s区元素　p区元素　d区元素　ds区元素　f区元素　稀有气体

族/周期	1 ⅠA	2 ⅡA	3 ⅢB	4 ⅣB	5 ⅤB	6 ⅥB	7 ⅦB	8 ⅧB(Ⅷ)	9 ⅧB(Ⅷ)	10 ⅧB(Ⅷ)	11 ⅠB	12 ⅡB	13 ⅢA	14 ⅣA	15 ⅤA	16 ⅥA	17 ⅦA	18 ⅧA(0)	电子层
1	−1 +1 1 H 氢 $1s^1$ 1.008																	2 He 氦 $1s^2$ 4.002602(2)	K
2	+1 3 Li 锂 $2s^1$ 6.94	+2 4 Be 铍 $2s^2$ 9.0121831(5)											+3 5 B 硼 $2s^2 2p^1$ 10.81	−4 +2 +4 6 C 碳 $2s^2 2p^2$ 12.011	−3 −2 −1 +1 +2 +3 +4 +5 7 N 氮 $2s^2 2p^3$ 14.007	−2 −1 8 O 氧 $2s^2 2p^4$ 15.999	−1 9 F 氟 $2s^2 2p^5$ 18.998403163(6)	10 Ne 氖 $2s^2 2p^6$ 20.1797(6)	L K
3	−1 +1 11 Na 钠 $3s^1$ 22.98976928(2)	+2 12 Mg 镁 $3s^2$ 24.305											+3 13 Al 铝 $3s^2 3p^1$ 26.9815385(7)	−4 +2 +4 14 Si 硅 $3s^2 3p^2$ 28.085	−3 +1 +3 +5 15 P 磷 $3s^2 3p^3$ 30.973761998(5)	−2 +4 +6 16 S 硫 $3s^2 3p^4$ 32.06	−1 +1 +3 +5 +7 17 Cl 氯 $3s^2 3p^5$ 35.45	18 Ar 氩 $3s^2 3p^6$ 39.948(1)	M L K
4	−1 +1 19 K 钾 $4s^1$ 39.0983(1)	+2 20 Ca 钙 $4s^2$ 40.078(4)	+3 21 Sc 钪 $3d^1 4s^2$ 44.955908(5)	−1 0 +2 +3 +4 22 Ti 钛 $3d^2 4s^2$ 47.867(1)	0 ±1 +2 +3 +4 +5 23 V 钒 $3d^3 4s^2$ 50.9415(1)	−3 0 ±1 ±2 +3 +4 +5 +6 24 Cr 铬 $3d^5 4s^1$ 51.9961(6)	−2 0 ±1 +2 ±3 +4 +5 +6 +7 25 Mn 锰 $3d^5 4s^2$ 54.938044(3)	−2 0 ±1 +2 +3 +4 +5 +6 26 Fe 铁 $3d^6 4s^2$ 55.845(2)	0 ±1 +2 +3 +4 +5 27 Co 钴 $3d^7 4s^2$ 58.933194(4)	0 ±1 +2 +3 +4 28 Ni 镍 $3d^8 4s^2$ 58.6934(4)	+1 +2 +3 +4 29 Cu 铜 $3d^{10} 4s^1$ 63.546(3)	+1 +2 30 Zn 锌 $3d^{10} 4s^2$ 65.38(2)	+1 +3 31 Ga 镓 $4s^2 4p^1$ 69.723(1)	+2 +4 32 Ge 锗 $4s^2 4p^2$ 72.630(8)	−3 +3 +5 33 As 砷 $4s^2 4p^3$ 74.921595(6)	−2 +4 +6 34 Se 硒 $4s^2 4p^4$ 78.971(8)	−1 +1 +3 +5 +7 35 Br 溴 $4s^2 4p^5$ 79.904	+2 +4 36 Kr 氪 $4s^2 4p^6$ 83.798(2)	N M L K
5	−1 +1 37 Rb 铷 $5s^1$ 85.4678(3)	+2 38 Sr 锶 $5s^2$ 87.62(1)	+3 39 Y 钇 $4d^1 5s^2$ 88.90584(2)	+1 +2 +3 +4 40 Zr 锆 $4d^2 5s^2$ 91.224(2)	0 ±1 +2 +3 +4 +5 41 Nb 铌 $4d^4 5s^1$ 92.90637(2)	0 ±1 ±2 +3 +4 +5 +6 42 Mo 钼 $4d^5 5s^1$ 95.95(1)	0 ±1 +2 +3 +4 +5 +6 +7 43 Tc 锝▲ $4d^5 5s^2$ 97.90721(3)✦	0 +1 ±2 +3 +4 +5 +6 +7 +8 44 Ru 钌 $4d^7 5s^1$ 101.07(2)	0 ±1 +2 +3 +4 +5 +6 45 Rh 铑 $4d^8 5s^1$ 102.90550(2)	0 +1 +2 +3 +4 46 Pd 钯 $4d^{10}$ 106.42(1)	+1 +2 +3 47 Ag 银 $4d^{10} 5s^1$ 107.8682(2)	+1 +2 48 Cd 镉 $4d^{10} 5s^2$ 112.414(4)	+1 +3 49 In 铟 $5s^2 5p^1$ 114.818(1)	+2 +4 50 Sn 锡 $5s^2 5p^2$ 118.710(7)	−3 +3 +5 51 Sb 锑 $5s^2 5p^3$ 121.760(1)	−2 +2 +4 +6 52 Te 碲 $5s^2 5p^4$ 127.60(3)	−1 +1 +3 +5 +7 53 I 碘 $5s^2 5p^5$ 126.90447(3)	+2 +4 +6 +8 54 Xe 氙 $5s^2 5p^6$ 131.293(6)	O N M L K
6	−1 +1 55 Cs 铯 $6s^1$ 132.90545196(6)	+2 56 Ba 钡 $6s^2$ 137.327(7)	57~71 La~Lu 镧系	+1 +2 +3 +4 72 Hf 铪 $5d^2 6s^2$ 178.49(2)	0 ±1 +2 +3 +4 +5 73 Ta 钽 $5d^3 6s^2$ 180.94788(2)	0 ±1 ±2 +3 +4 +5 +6 74 W 钨 $5d^4 6s^2$ 183.84(1)	0 ±1 +2 +3 +4 +5 +6 +7 75 Re 铼 $5d^5 6s^2$ 186.207(1)	0 +1 +2 +3 +4 +5 +6 +7 +8 76 Os 锇 $5d^6 6s^2$ 190.23(3)	0 ±1 +2 +3 +4 +5 +6 77 Ir 铱 $5d^7 6s^2$ 192.217(3)	0 +2 +3 +4 +5 +6 78 Pt 铂 $5d^9 6s^1$ 195.084(9)	+1 +2 +3 +5 79 Au 金 $5d^{10} 6s^1$ 196.966569(5)	+1 +2 +3 80 Hg 汞 $5d^{10} 6s^2$ 200.592(3)	+1 +3 81 Tl 铊 $6s^2 6p^1$ 204.38	+2 +4 82 Pb 铅 $6s^2 6p^2$ 207.2(1)	−3 +3 +5 83 Bi 铋 $6s^2 6p^3$ 208.98040(1)	−2 +2 +4 +6 84 Po 钋 $6s^2 6p^4$ 208.98243(2)✦	−1 +1 +3 +5 +7 85 At 砹 $6s^2 6p^5$ 209.98715(5)✦	+2 86 Rn 氡 $6s^2 6p^6$ 222.01758(2)✦	P O N M L K
7	+1 87 Fr 钫▲ $7s^1$ 223.01974(2)✦	+2 88 Ra 镭 $7s^2$ 226.02541(2)✦	89~103 Ac~Lr 锕系	104 Rf 𬬻▲ $6d^2 7s^2$ 267.122(4)✦	105 Db 𬭊▲ $6d^3 7s^2$ 270.131(4)✦	106 Sg 𬭳▲ $6d^4 7s^2$ 269.129(3)✦	107 Bh 𬭛▲ $6d^5 7s^2$ 270.133(2)✦	108 Hs 𬭶▲ $6d^6 7s^2$ 270.134(2)✦	109 Mt 鿏▲ $6d^7 7s^2$ 278.156(5)✦	110 Ds 𫟼▲ 281.165(4)✦	111 Rg 𬬭▲ 281.166(6)✦	112 Cn 鿔▲ 285.177(4)✦	113 Nh 鉨▲ 286.182(5)✦	114 Fl 𫓧▲ 289.190(4)✦	115 Mc 镆▲ 289.194(6)✦	116 Lv 𫟷▲ 293.204(4)✦	117 Ts 鿬▲ 293.208(6)✦	118 Og 鿫▲ 294.214(5)✦	Q P O N M L K

★ 镧系	+3 57 La★ 镧 $5d^1 6s^2$ 138.90547(7)	+2 +3 +4 58 Ce 铈 $4f^1 5d^1 6s^2$ 140.116(1)	+3 +4 59 Pr 镨 $4f^3 6s^2$ 140.90766(2)	+2 +3 +4 60 Nd 钕 $4f^4 6s^2$ 144.242(3)	+3 61 Pm 钷▲ $4f^5 6s^2$ 144.91276(2)✦	+2 +3 62 Sm 钐 $4f^6 6s^2$ 150.36(2)	+2 +3 63 Eu 铕 $4f^7 6s^2$ 151.964(1)	+3 64 Gd 钆 $4f^7 5d^1 6s^2$ 157.25(3)	+3 +4 65 Tb 铽 $4f^9 6s^2$ 158.92535(2)	+3 +4 66 Dy 镝 $4f^{10} 6s^2$ 162.500(1)	+3 67 Ho 钬 $4f^{11} 6s^2$ 164.93033(2)	+3 68 Er 铒 $4f^{12} 6s^2$ 167.259(3)	+2 +3 69 Tm 铥 $4f^{13} 6s^2$ 168.93422(2)	+2 +3 70 Yb 镱 $4f^{14} 6s^2$ 173.045(10)	+3 71 Lu 镥 $4f^{14} 5d^1 6s^2$ 174.9668(1)
★ 锕系	+3 89 Ac★ 锕 $6d^1 7s^2$ 227.02775(2)✦	+3 +4 90 Th 钍 $6d^2 7s^2$ 232.0377(4)	+3 +4 +5 91 Pa 镤 $5f^2 6d^1 7s^2$ 231.03588(2)	+2 +3 +4 +5 +6 92 U 铀 $5f^3 6d^1 7s^2$ 238.02891(3)	+3 +4 +5 +6 +7 93 Np 镎 $5f^4 6d^1 7s^2$ 237.04817(2)✦	+3 +4 +5 +6 +7 94 Pu 钚 $5f^6 7s^2$ 244.06421(4)✦	+2 +3 +4 +5 +6 95 Am 镅▲ $5f^7 7s^2$ 243.06138(2)✦	+3 +4 96 Cm 锔▲ $5f^7 6d^1 7s^2$ 247.07035(3)✦	+3 +4 97 Bk 锫▲ $5f^9 7s^2$ 247.07031(4)✦	+2 +3 +4 98 Cf 锎▲ $5f^{10} 7s^2$ 251.07959(3)✦	+2 +3 99 Es 锿▲ $5f^{11} 7s^2$ 252.0830(3)✦	+2 +3 100 Fm 镄▲ $5f^{12} 7s^2$ 257.09511(5)✦	+2 +3 101 Md 钔▲ $5f^{13} 7s^2$ 258.09843(3)✦	+2 +3 102 No 锘▲ $5f^{14} 7s^2$ 259.1010(7)✦	+3 103 Lr 铹▲ $5f^{14} 6d^1 7s^2$ 262.110(2)✦